国家出版基金项目
NATIONAL PUBLICATION FOUNDATION

"十三五"国家重点出版物出版规划项目·重大出版工程
高超声速出版工程

高超声速飞行器热防护技术

张利嵩　俞继军　著

科学出版社
北京

内 容 简 介

高速飞行器在设计中遇到的最大技术难题之一为"热障",它主要指高速飞行器在大气层中飞行时承受的严酷气动加热载荷,在低空飞行还可能遇到大气中粒子对飞行器的侵蚀。克服"热障"的主要方法是根据飞行器的服役环境特征采取有效的热防护措施,本书较为系统和全面地论述了高速飞行器热防护技术的理论、设计和试验方法,共 9 章,主要内容包括被动、半主动和主动热防护技术的原理及特点,多种防热复合材料和防隔热结构的性能预测方法,主动式热防护理论及预测方法,抗粒子云侵蚀计算方法,热防护设计,地面试验技术等。

本书适用于从事高速飞行器热防护研究与设计的工程技术人员,以及高校教师和学生等。

图书在版编目(CIP)数据

高超声速飞行器热防护技术 / 张利嵩,俞继军著.
—北京:科学出版社,2021.11

高超声速出版工程 "十三五"国家重点出版物出版规划项目 重大出版工程 国家出版基金项目
ISBN 978 - 7 - 03 - 070429 - 0

Ⅰ.①高… Ⅱ.①张… ②俞… Ⅲ.①高超音速飞行器-防热 Ⅳ.①V47

中国版本图书馆 CIP 数据核字(2021)第 223478 号

责任编辑:徐杨峰 / 责任校对:谭宏宇
责任印制:黄晓鸣 / 封面设计:殷 靓

科学出版社 出版
北京东黄城根北街 16 号
邮政编码:100717
http://www.sciencep.com

南京展望文化发展有限公司排版
广东虎彩云印刷有限公司印刷
科学出版社发行 各地新华书店经销

*

2021 年 11 月第 一 版 开本:B5(720×1000)
2024 年 11 月第九次印刷 印张:12 1/2
字数:215 000
定价:100.00 元
(如有印装质量问题,我社负责调换)

丛书序

飞得更快一直是人类飞行发展的主旋律。

1903 年 12 月 17 日，莱特兄弟发明的飞机腾空而起，虽然飞得摇摇晃晃，犹如蹒跚学步的婴儿，但拉开了人类翱翔天空的华丽大幕；1949 年 2 月 24 日，Bumper-WAC 从美国新墨西哥州白沙发射场发射升空，上面级飞行马赫数超过 5，实现人类历史上第一次高超声速飞行。从学会飞行，到跨入高超声速，人类用了不到五十年，蹒跚学步的婴儿似乎长成了大人，但实际上，迄今人类还没有实现真正意义的商业高超声速飞行，我们还不得不忍受洲际旅行需要十多个小时甚至更长飞行时间的煎熬。试想一下，如果我们将来可以在两小时内抵达全球任意城市，这个世界将会变成什么样？这并不是遥不可及的梦！

今天，人类进入高超声速领域已经快 70 年了，无数科研人员为之奋斗了终生。从空气动力学、控制、材料、防隔热到动力、测控、系统集成等，在众多与高超声速飞行相关的学术和工程领域内，一代又一代科研和工程技术人员传承创新，为人类的进步努力奋斗，共同致力于达成人类飞得更快这一目标。量变导致质变，仿佛是天亮前的那一瞬，又好像是蝶即将破茧而出，几代人的奋斗把高超声速推到了嬗变前的临界点上，相信高超声速飞行的商业应用已为期不远！

高超声速飞行的应用和普及必将颠覆人类现在的生活方式，极大地拓展人类文明，并有力地促进人类社会、经济、科技和文化的发展。这一伟大的事业，需要更多的同行者和参与者！

书是人类进步的阶梯。

实现可靠的长时间高超声速飞行堪称人类在求知探索的路上最为艰苦卓绝的一次前行，将披荆斩棘走过的路夯实、巩固成阶梯，以便于后来者跟进、攀登，意义深远。

以一套丛书,将高超声速基础研究和工程技术方面取得的阶段性成果和宝贵经验固化下来,建立基础研究与高超声速技术应用之间的桥梁,为广大研究人员和工程技术人员提供一套科学、系统、全面的高超声速技术参考书,可以起到为人类文明探索、前进构建阶梯的作用。

2016年,科学出版社就精心策划并着手启动了"高超声速出版工程"这一非常符合时宜的事业。我们围绕"高超声速"这一主题,邀请国内优势高校和主要科研院所,组织国内各领域知名专家,结合基础研究的学术成果和工程研究实践,系统梳理和总结,共同编写了"高超声速出版工程"丛书,丛书突出高超声速特色,体现学科交叉融合,确保丛书具有系统性、前瞻性、原创性、专业性、学术性、实用性和创新性。

这套丛书记载和传承了我国半个多世纪尤其是近十几年高超声速技术发展的科技成果,凝结了航天航空领域众多专家学者的智慧,既可供相关专业人员学习和参考,又可作为案头工具书。期望本套丛书能够为高超声速领域的人才培养、工程研制和基础研究提供有益的指导和帮助,更期望本套丛书能够吸引更多的新生力量关注高超声速技术的发展,并投身于这一领域,为我国高超声速事业的蓬勃发展做出力所能及的贡献。

是为序!

2017年10月

前　言

　　热防护技术是伴随着高速飞行器技术发展起来的一门多学科交叉技术,涉及气动热力学、高温化学、工程热力学、固体力学、测试与模拟、材料学等诸多学科领域。近60多年来,热防护技术的出现和发展有力地支撑了我国高速飞行器的研制。

　　本书内容着重论述热防护技术的基本概念和基础理论,同时,采用理论与工程相结合的方法,系统介绍热防护技术的设计、分析和试验方法。全书共9章。第1章概述,简要叙述气动热和热防护的概念。第2章系统介绍多种被动、半主动、主动热防护方法的原理和特点。第3章阐述硅基材料、碳基材料和碳化热解类材料的烧蚀机理和计算方法,特别对抗氧化碳/碳等多组元碳基材料、多组元碳化类材料和低密度碳化类材料等新型材料的烧蚀机制和烧蚀算法进行详细论述,并附有相应的地面试验验证结果。第4章介绍三种类型的辐射式热防护结构,主要介绍金属热防护结构中蜂窝夹层和多层隔热两种结构形式的传热性能预测方法。第5章系统论述主动式热防护理论及预测方法,包括发汗冷却技术材料结构、数值模拟和试验研究等方面的国内外研究成果,以及疏导式热防护的基本原理和实现途径,并对疏导式热防护主要部件高温热管的原理特点、工程实例和内部热量传热模拟方法做出专门介绍。第6章介绍高速飞行器防热材料抗粒子云侵蚀性能计算方法和试验技术。第7章主要介绍热防护设计的要求、原则和内容,具体阐述高速飞行器主要部位的特点。第8章系统讲述国内外热防护试验设备的性能特点,以及主要热防护试验的方法和主要模拟参数。第9章对热防护技术的发展需求进行了简述。

　　本书主要根据作者在热防护技术方面的研究成果和实践经验创作而成,是对我国高速飞行器热防护理论、设计和试验方法的总结。在编写过程中,除了有北京航天长征飞行器研究所工程技术人员的参与外,还得到了中国航天空气动力技术研究院、中国科学技术大学等单位的大力支持,其中中国航天空气动力技术研究院为本书第 3 章和第 5 章的编写提供了主要的素材和资料,在此一并表示感谢。

由于作者水平有限,书中难免存在不足之处,敬请广大读者批评指正。

作 者

2021 年 6 月

高超声速出版工程

目 录

丛书序
前言

第1章　热防护技术概述

第2章　热防护的基本方式

第3章　烧蚀热防护理论及预测方法

第6章　粒子云侵蚀机理及评估方法

第7章　热防护设计

第8章　热防护模拟试验技术

第9章　热防护技术发展与展望

181

第1章

热防护技术概述

无论是高超声速导弹还是高超声速天地往返运输器,这些飞行器所共有的特点是以高超声速经历或穿越大气层,不同类型的飞行器虽然在大气层内飞行的时间、高度及方式不同,但是只要是在高超声速状态下经历大气层,就会在飞行器表面产生气动加热,其直接后果就是使飞行器表面和内部温度升高。当温度过高时,会使飞行器的仪器破坏、控制失灵,严重时会直接导致飞行器结构烧毁甚至爆炸,历史上称为"热障"问题。"热障"问题涉及空气动力学、材料力学、固体力学、化学、热力学及传热学等多项学科领域,解决问题的关键就是要合理地设计热防护系统(thermal protection system, TPS)来保证飞行器不被烧坏。

烧蚀热防护和热沉式热防护是热防护技术最具代表性的研究成果,目前烧蚀热防护仍然是高速飞行器热防护的主要技术手段。随着高速飞行器技术的不断发展,热防护技术也面临着新的需求,不仅要解决不断发展的飞行器面临的传统烧蚀热防护问题,还要研究由于气动加热引起的新的问题,如气动物理问题、热防护系统的复合功能问题(透波、隐身问题)等。因此,高超声速气动热力学及航天器热防护仍将是未来一段时间航天领域重点关注的研究内容之一。

1.1 气动热效应

热量由某一物体传至另一物体,也可由物体的某一部分传至另一部分,称为传热。传热是由温度差引起的,在自然界和工程技术中,温度差普遍存在,因而传热现象也普遍存在,只是方式和程度有所不同而已[1]。

不同类型的传热过程称为不同的传热模式。当在静态介质中存在温度差时,无论介质是固体还是流体,介质中都会发生传热,这种传热过程称为热传导。

与此不同,当一个表面和一种运动的流体处于不同温度时,它们之间发生的传热称为对流。还有一种传热方式是具有一定温度的表面以电磁波的形式发射能量,称为热辐射。

飞行器以高超声速在稠密大气层中运动时,空气受到强烈的压缩和剧烈的摩擦作用[2-3],飞行器的大部分动能转化成为热能,致使飞行器周围的空气温度急剧升高,高温气体与飞行器表面之间产生巨大温差,部分热能迅速向物面传递,这种因为物体在大气中以高速飞行产生的加热现象称为气动加热。随着飞行马赫数的增加,气动加热将更趋严重,传热的问题研究将会越来越重要。例如,洲际弹道导弹弹头再入大气层时,最大飞行马赫数可达到 20 以上,端头驻点区的空气温度可升至 8 000～10 000 K,热流密度高达 100 000 kW/m²,最高压力在 10 MPa 以上[4]。

飞行器结构的外表面在高速飞行中将受到强迫对流的影响,温度升高,从而使结构内部产生温度梯度和不均匀的热膨胀[5]。这种膨胀是受到结构本身的约束和限制而产生热应力,因此这种情况对于高速飞行器来说是非常严厉的,尤其是对于航天飞机来说更是如此[6]。

首先介绍飞行过程和气动加热环境的特点。以航天飞机的飞行过程为例,介绍高速飞行器在飞行过程中所经受的气动加热环境变化情况。理论飞行过程中,飞行器表面典型部位的热流变化情况如图 1.1 所示,从图中可以看到,飞行器在上升阶段将出现一定的加热环境,从轨道返回时将出现再入段中最严重的加热环境,而后者气动加热环境更加恶劣。这是因为虽然起飞是在稠密的大气层中,气动加热很大,然而飞行器很快就到达了约 100 km 的高度,而这时空气已

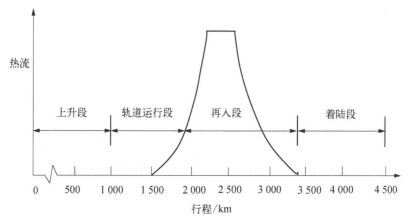

图 1.1　飞行器表面热流变化情况

逐渐稀薄,以后随着高度的增加,热流逐渐下降,到达轨道飞行时飞行器差不多已在真空中飞行,气动加热几乎为零[7-8]。再入大气层后,由于飞行器速度很大,在大气密度增加的情况下,热流不断增大,以至出现峰值,直至飞行速度降低,气动加热才逐渐恢复到零[2]。

研究气动加热现象,首先要了解飞行器周围的流场特性,确定流场分布条件。20 世纪初,普朗特(Prandtl)提出了边界层的概念,认为小黏性系数的流体流过物面时,黏性对物面的影响主要在靠近物体表面的区域内,紧靠物面的薄层称为边界层。通常将流体速度由壁面为零急剧地变到速度为外流速度 u_∞ 的 99%($u = 0.99u_\infty$)处的距离称为边界层厚度。在这一层内,黏性力起主要作用,剪切和传热是主要的物理现象;在这一层之外的区域,黏性力不强,可以忽略剪切和传热效应,通常可视为无黏流场。

在高超声速流动中,靠近物面的薄层内,由于高速边界层内黏性摩擦力的作用,在产生速度梯度的同时,气体的动能不可逆转地转变为热能,使得此薄层内存在明显的温度梯度。边界层的厚度相对于壁面的特征尺寸来说是极微小的,因而可以认为换热现象中的导热和对流基本上在边界层内进行,边界层以外不考虑气体的黏性作用和热传导[9-10]。因此,可以把气体力学中的黏性气体基本方程用于边界层内的气体流动,通过边界层内气体的对流换热来求物体表面的气动加热[11]。

受飞行器外形、弹道、用途等差异影响,各类型飞行器所承受的热环境特征有明显区别。对于返回式卫星、地球再入飞船、火星着陆器等,其大底部位气动加热环境具有热流相对较低、焓值较高的特点。例如,我国成功发射并回收的大部分返回式卫星中,经历的最大热流约 350 kW/m²,总加热时间为 130~154 s;美国早期的"水星"号、"双子星座"号及用于月球探测返回的"阿波罗"号飞船,其大底部位最高热流达到了 2 604 kW/m²,再入时间为 390~980 s;我国"神舟"号系列载人飞船大底部位承受的最大气动加热约为 1 700 kW/m²,再入时间为 400~600 s,驻点焓值约为 30 MJ/kg。对于战略战术弹头,其承受的热环境具有高热流、高压的特征,根据射程进行简单分类,中程导弹弹头需承受的最大热流密度为 14~17 MW/m²,远程导弹弹头需承受的最大热流密度为 62~84 MW/m²;对于固体发动机燃烧室喷管,则需要面临超过 3 000℃ 的高温燃气和 Al_2O_3 粒子的冲刷作用,典型固体发动机燃烧室至喷管出口之间的热流密度最高可达到每平方米几十兆瓦量级,最高工作压力可达 10 MPa 以上。而近年来,在多样化航天任务需求的牵引下,航天飞机、HTV - 2、X37 - B 等新型高速飞行器进入了快速发展期,此类飞行器一般需经历千秒量级的长时间气动加热环境,且要求表面具有非烧蚀或微烧蚀特性,防热材料表面的热环境特征也变得更加复杂,化学非平衡流动、稀薄气体流动、氧化催化等热物理现象对飞行器防热性能的影响变得更加突出。

1.2 热防护技术

热防护的基本目的是确保飞行器的安全,并保持内部有效载荷或仪器设备在允许的温度和压力范围内。热防护系统作为任何大气层内高速飞行器所必需的关键子系统,由单一或多种具有特定功能的材料以一定结构形式构成,同时并可提供滚控、透波、抗激光、隐身等特定功能。热防护技术是高速飞行器发展的基石,广泛应用于各种战略战术导弹、空天飞行器及发动机等关键部位,不仅直接影响飞行器的性能,而且事关飞行成败。因此,对于各类高速飞行器研发而言,具有典型多学科特性的热防护技术往往是需要突破的关键技术之一。

理想的热防护系统和热结构设计,建立在对服役环境、需求和客观存在不确定性的理解和认知的基础上,充分利用和控制关键气动物理效应,承受热环境,发挥材料效能的最大潜力。防热结构是设计与材料的有机结合、构造,结构形式对防热能力、结构效率和可实现性影响重大,热防护设计不仅要解决设计、选取和利用什么材料的问题,还必须要解决热连接、热匹配等一系列实用化和工程化关键技术,以达到结构效率和可靠性之间的协同。

国外热防护技术是从解决"热障"问题开始的。在第一代战略导弹弹头早期研制中,研究人员采用热沉式防热,未能成功。1958 年,美国科学家 Adams[12] 首次提出了烧蚀热防护的概念。此概念的提出及其后续烧蚀热防护理论的创立为防热材料的研制提供了材料设计的准则,它开创了热防护技术的新领域,因此成为解决各类飞行器热防护问题的里程碑。随着第二代战略导弹弹头热防护技术的发展,美、苏两国都总结了第一代战略导弹弹头的经验和教训,研究重点放在弹头小型化上,如稳定烧蚀外形、被动控制,以及与流体力学、空气动力学、气动热力学等学科相关的基础理论研究,这些基础学科问题的突破为小型化弹头热防护问题的解决奠定了基础。

美国航天飞机的研制第一次对可重复使用热防护技术提出了明确的需求。引入陶瓷材料体系的"绝热式热防护系统"是美国国家航空航天局(National

Aeronautics and Space Administration，NASA）空间运输系统最伟大的成就之一，解决了高温带来的热膨胀问题，同时巧妙的热匹配设计也为其实用化做出了巨大贡献。

现有热防护系统的基本形式有热沉式热防护系统、主动式热防护系统、辐射式热防护系统、烧蚀式热防护系统等[12-16]。

（1）飞行器壳体本身允许有一定程度的温升，热沉式热防护系统依靠壳体自身的热容吸热来达到防热的目的。例如，在机头和机翼前缘，装设一层由比热容较大的材料制作的防热层[16]，飞行器返回大气层时，这层材料能吸收大部分的气动加热，使内部结构的温升低于允许值。防热设计的任务就是要根据飞行器的表面热流密度、防热层的材料性能和允许的内部结构温升等，计算出所需要的防护层厚度和质量。为了减轻飞行器的质量，所选材料应尽可能具有比热容大、熔点高的特点。

（2）主动式热防护系统以发汗冷却和疏导式冷却为代表。发汗冷却是指冷却剂在压力或温度的作用下，从多孔的外壳材料中挤压出来，携带出飞行器内部热量，同时分解和气化阻塞外部对飞行器表面的气动加热，从而达到热防护的目的[17]。疏导式冷却结构一般是通过高导热材料或高温热管结构等形式将飞行器高温部位的热量快速带走，疏导至低温部位或以其他方式散发掉，从而使飞行器局部气动加热严重部位的防热结构温度降至许用范围内，达到防热目的。

（3）辐射式热防护系统是通过飞行器壳体表面的辐射散热使防热结构温度降至许用范围内，从而实现对飞行器结构的防护作用。辐射防热结构有多种形式，主要为蒙皮和隔热层。辐射防热结构受壳体防热材料所能承受的最高温度的限制，要求壳体防热材料的使用温度大于气动加热条件下的辐射平衡温度（进入防热壳体表面热量与辐射散热抵消时的壳体表面温度）。目前，高速飞行器表面辐射平衡温度低于 1 600℃时常采用碳/碳化硅或抗氧化碳/碳材料，温度更高时则需要对材料表面进行耐高温处理，一般可采用表面涂敷高温难熔金属等措施。

（4）烧蚀式热防护系统是目前高速飞行器防热结构中常用的一种防热形式，其原理是通过防热材料在高温条件下的分解、熔化、气化和升华等相变过程吸收大量热量。同时，相变产物等形成的气体会向边界层扩散继续吸收一部分热量，并且增大边界层厚度，进而减少了飞行器表面的气动加热热流密度，也称为热阻塞效应或质量引射效应。由于烧蚀式防热结构的工作不受热流密度的限制，适应流场变化的能力强，而且随着烧蚀材料的低密度化发展趋势，烧蚀防热结构的质量密度也逐渐减小,是高速飞行器中应用最广泛的防热形式。

高速飞行器的每一次性能的重大提升都以热防护技术的更新换代为前提。进入 21 世纪,随着新一轮高速飞行器研发热潮的兴起,现有热防护技术已经很难满足其性能需求。高速飞行器热防护技术必将由传统弹道式大热流短时间防热转变为长时间高效隔热;从单一的被动式防热转变为飞行器内部主动式能量管理;从传统的冷热结构设计到防热/承力一体化设计;从满足单一防热功能到满足防热、通信、隐身等复合功能;从单纯的一次性再入飞行器拓展到空间往返飞行器,未来还将由地球大气环境拓展到火星等特殊星际环境,高速飞行器热防护技术领域广度将不断扩展,难度也将不断增加。因此,高速飞行器热防护技术还将面临更大的挑战,热防护技术也将成为新型高速飞行器关键技术攻关项目。

参考文献

[1] 曹林,孙铭霞.传热对增压器径流涡轮叶片温度分布的影响[J].柴油机,2013,35(2):26-30.

[2] 于佳音.铝合金表面阳极氧化膜的耐热性能研究[D].哈尔滨:哈尔滨工程大学,2013.

[3] Fraishtadt V L, Kuranov A L, Sheikin E G. Use of MHD systems in hypersonic aircraft[J]. Technical Physics, 1998, 43(11): 1309-1313.

[4] 王国雄.弹头技术[M].北京:中国宇航出版社,1989.

[5] 唐功跃,吴国庭.防热层表面突起物及内部结构的温度场分析[J].航天器工程,1998,20(1):29-35.

[6] 叶红,王志瑾.高速飞行器热防护结构有限元分析及对比[C].中国力学大会,西安,2013.

[7] 叶海.航天飞机的弹射起飞[J].航天,1995(6):27-28.

[8] 王小虎,易仕和,付佳.带气膜冷却结构的高超声速平板不同前缘形状下表面传热特性研究[J].实验流体力学,2018,29(2):19-25.

[9] 田枫林.高速飞行器热结构材料气动热冲击模拟研究[D].哈尔滨:哈尔滨工业大学,2014.

[10] 刘深深,唐伟,刘磊,等.基于径向基函数的高速飞行器气动热数据插值问题精度研究[C].第十六届全国计算流体力学会议,厦门,2014.

[11] 王智慧,鲍麟,童秉纲.尖化前缘的稀薄气体化学非平衡流动和气动加热相似律研究[J].气体物理,2016,1(1):5-12.

[12] Adams M C. Recent advances in ablation[J]. Journal of American Rocket Society, 1959, 29(9): 621-625.

[13] 支骄杨.航天飞机翼型自适应前缘的外形优化设计[D].南京:南京航空航天大学,2014.

[14] 张栖诚.一体化热防护结构传热分析及防热特性研究[J].江苏航空,2016,144(1):

27 - 29.

［15］ 杨亚政,杨嘉陵,方岱宁.高速飞行器热防护材料与结构的研究进展[J].应用数学和力学,2008,29(1):47 - 56.

［16］ Laub B, Venkatapathy E. Thermal protection system technology and facility needs for demanding future planetary missions[J]. Planetary Probe Atmospheric Entry and Descent Trajectory Analysis and Science, 2004, 544(544): 239 - 247.

［17］ Zalba B, Marın J M, Cabeza L F, et al. Review on thermal energy storage with phase change: materials, heat transfer analysis and applications[J]. Applied Thermal Engineering, 2003, 23(3): 251 - 283.

第 2 章

热防护的基本方式

随着高速飞行器技术的不断发展,阻碍高速飞行器发展的一个障碍——"热障"问题就凸显出来,研究可以用于高速飞行器的先进热防护系统就成为研制快速反应并且长时间高马赫数飞行高速飞行器的急需解决的问题。高速飞行器飞行速度快,飞行时间长,并且要实现跨大气层和在大气层内飞行,面临的气动加热环境极其严峻。因此,为高速飞行器的各个部位提供有效热防护,将成为高速飞行器的关键技术之一[1-2]。

热防护系统一般位于飞行器外部,保护内部承力结构、仪器设备和有效载荷温度在许用温度范围内,同时可具备一定的承载、气动、透波、隐身等功能。热防护系统除了具有防热功能外还需要承担其他功能,因此其结构和材料一般要满足以下要求[3]:① 抵抗气动热、声和力学载荷;② 具有可重复使用性和耐久性;③ 适应各种天气;④ 可以抵抗低速、高速和超高速的冲击;⑤ 易于维修、检查和更换;⑥ 具有一定的密封性能。

高速飞行器的热防护基本方式按热防护机理可分为热沉式、烧蚀式、辐射式和主动式。

2.1 热沉式

热沉式防热的原理是利用飞行器结构材料自身允许的一定程度的温升,依靠结构材料自身的吸热能力来达到防热目的,主要是采用高温难熔金属吸收气动热并存储到材料内部,其防热能力的大小与结构材料的许用工作温度、密度、比热容、热导率、厚度及表面辐射系数有关。

一方面,材料的耐瞬时高热流的能力越强,就能适应更高的气动加热环境;

另一方面,在高温环境下,防热结构材料的许用工作温度较高时,才能够在更高温度的气动载荷作用下保持完整的气动外形。防热结构材料的密度越大,防热结构单位体积的蓄热能力越高;比热容越大,防热结构单位质量的吸热能力越强,防热效果越佳。

在飞行器气动加热过程中,防热结构内部必然存在着温度梯度。温度梯度的存在,降低了防热结构的热沉效率,同时过高的温度梯度也可能会引起防热结构的热应力破坏。因此,防热结构材料应具有较高的热导率,以提高热沉效率。

对于这种防热方式,在给定的条件下,增加防热结构的厚度能够降低表面温度,但是当增加到一定程度时,厚度的增加几乎不再对表面温度有影响,而且导热性能越弱的材料,达到这一工况的结构厚度越薄。

热沉式防热是高速飞行器防热方法中发展最早和结构最简单的一种防热方式,美国早期的"宇宙神""大力神-I"和"雷神"导弹就是采用热沉方式解决防热问题。热沉式防热方法的原理简明,且材料性能已有大量成熟资料,所以设计可靠。另外,热沉式防护在防热过程中没有材料损失,外形不发生变化,这是飞行器所希望的。但是受防热材料性能的限制,其熔点和热容吸热能力总是有限的,要想提高其热沉防热能力就只能加厚防热结构,但不可能无限增加厚度,因为过度增加厚度会使得飞行器结构重量增加,有效载荷量减少。为了尽可能减少热沉防热的重量,需要尽量减少气动加热,因此热沉式高速飞行器一般设计成具有高阻力的钝粗外形,这样就会使得飞行速度大大降低,飞行时也容易被敌方搜索跟踪并且拦截。同时,这种设计方案一般比较笨重,挤占了有效载荷的大部分质量,大大影响了飞行器的总体性能。因此,热沉式防热结构在应用中受到了很大的限制,不适用于长时间工作的高速飞行器,只能在中等热流短时间工作的工况条件下使用。

2.2　烧蚀式

烧蚀式热防护技术是目前广泛应用于高速飞行器防热的有效方法,其原理是材料在加热环境中会产生一系列的物理和化学反应(熔化、热解、热解气体向边界层内的引射、升华、同相和异相的化学反应等),在这些物理和化学变化过程中,通过防热材料的质量损耗带走了大部分气动加热热量,可大大减少流向飞行器内部的热量,进而保证飞行器内部结构及仪器设备保持正常工作温度,达到防热的目的[3],如图 2.1 所示。

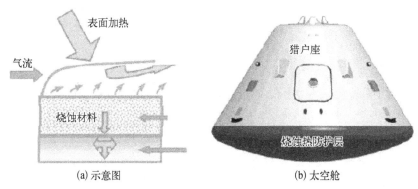

图 2.1　烧蚀材料结构热防护示意图及实例

烧蚀式防热的主要过程为：在气动加热的作用下，流向飞行器的热量一部分被表面辐射出去，另一部分被防热材料吸收并向内部进行传递。随着热量的不断传入，防热材料温度逐渐升高，当升高到材料的分解、熔化、气化或升华温度时，材料因相变而吸收大量热量。同时，材料表面及相变产物将会与边界层内的空气发生化学反应，产生化学反应热。防热材料发生相态变化及化学反应变化时所产生的气体，会在飞行器表面形成一个温度较低的气态层，这层气体在向边界层扩散时还要吸收一部分热量。由于气体的扩散使得边界层厚度增加，降低了边界层的平均温度，进而显著降低了边界层向飞行器表面的传递的热量，这种现象称为热阻塞效应或质量引射效应。烧蚀量的大小取决于气动加热量，热量的增加必然会使得烧蚀量增加，而烧蚀量的增加又相应地提高了防热作用。因此，烧蚀式防热是一个自动进行的过程。

从上述的烧蚀过程可以看出，烧蚀材料的防热作用表现为材料吸热、导热、相变潜热、化学反应、热阻塞、辐射等一系列物理和化学过程，这些热效应过程的联合作用结果即烧蚀防热效果。但是任何一种防热材料都很难同时具有以上的全部热效应，而且即使是同一种防热材料，其在不同的气动加热环境条件下，也会表现出不同的特性，所产生的各种热效应对防热所作的贡献各不相同[1]。因此，需要根据气动加热环境特点选择合适的防热材料，才能得到最优化的防热效果。一般来说，防热材料的热导率应尽量小，比热容应尽量大，材料表面抗机械剥蚀能力应尽量强，相变温度越高越好，相变潜热越大越好。如果防热材料气动加热表面存在熔化层，熔融材料的黏性越大越好，这样不容易被附面层气动剪切力冲走。

根据烧蚀防热机理，烧蚀防热材料可以分为三类：硅基复合材料、碳基复合材料和碳化复合材料。

（1）硅基复合材料以 SiO_2 为主要成分,主要包括石英、玻璃布（或纤维）酚醛树脂复合材料、高硅氧布（或纤维）酚醛树脂复合材料、石英布（或纤维）酚醛树脂复合材料、碳/石英复合材料。硅基复合材料是第一代热防护材料,具有工艺简单、复合成型周期短、热导率低、抗烧蚀性能和隔热性能良好等特点,目前仍然是高速飞行器热防护的主要材料体系之一。基于硅基复合材料烧蚀机理建立的液态层物理模型可以较好地预测其烧蚀量,并得到了飞行试验结果的验证[4-5]。

（2）碳基复合材料以碳元素为主要成分,主要包括碳碳复合材料、碳布（或纤维）酚醛树脂复合材料、石墨等。单个碳原子的升华潜热为 59 450 kJ/kg,而 SiO_2 的蒸发潜热为 12 690 kJ/kg,两者相差约 3.7 倍。由于碳基材料在高温升华阶段的烧蚀性能潜力很大,已经取代硅基复合材料成为洲际高速飞行器的主要防热结构材料,并且能够满足飞行器的轻质化和小型化设计要求。碳基复合材料的烧蚀机理由两部分组成,即热化学烧蚀和机械剥蚀。热化学烧蚀仅与材料的组成元素有关,碳基复合材料以碳元素为主,可以建立比较清晰的化学反应方程和能量平衡方程,进而求解碳基复合材料的热化学烧蚀量。机械剥蚀主要与材料复合成型工艺、表面的烧蚀形貌和热环境参数有关,目前还没有建立清晰的理论分析方法,一般通过地面实验结果确定经验关系式,以此来解决工程问题。相比硅基复合材料,碳基复合材料虽然具有较高的升华潜热,但其热导率要高于硅基复合材料,因此当高速飞行器表面温度达到碳的升华温度时才选用碳基复合材料,否则需要综合考虑烧蚀与隔热问题进行防热结构选材。

（3）碳化复合材料的树脂含量一般都比较高,在加热过程中,内部树脂会发生激烈的热解反应,通过热解气体的热阻塞效应和热解吸热过程达到防热目的,在这个过程中会产生一定的表面烧蚀量,另外会影响材料的内部温度场分布。这种复合材料大多应用于返回式空间飞行器的防热设计,返回式空间飞行器的再入热环境特点为高焓、低热流和长时间,它的表面烧蚀是次要的,而内部热响应是主要的。近些年,随着高速飞行器技术的发展,为了满足大气层内长时间机动飞行需求,碳化复合材料也逐渐应用于此类飞行器防热结构上。碳化复合材料的防热过程主要以树脂热解反应为主,因此防热结构材料内部会出现较为明显的碳化层和热解层。这类材料可以实现较低的密度值,可达到 $(0.5\sim0.8)\,\mathrm{g}/\mathrm{cm}^3$,包括在酚醛玻璃蜂窝格内填充硅橡胶或环氧酚醛和石英纤维复合材料、添加玻璃小球的石英纤维酚醛树脂复合材料等。如图 2.1（b）所示的猎户座载人探索飞行器太空舱底部就是采用的碳化复合材料防热结构。

2.3　辐射式

飞行器结构表面经过预处理之后可以大大提升其表面的辐射系数,随后通过辐射散热将气动加热释放到外界空间,辐射式防热系统适用于中等热流长时间工作的情况。如图 2.2 所示,图 2.2(a)为辐射散热结构热防护示意图,图 2.2(b)为应用实例。

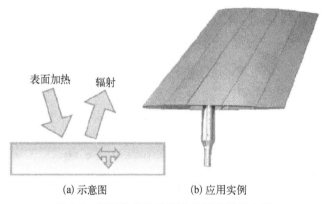

(a) 示意图　　　　(b) 应用实例

图 2.2　辐射散热结构热防护示意图及实例

辐射式防热系统一般由三部分组成: 直接与高温环境接触的外蒙皮;内部结构;外蒙皮与内部结构之间的隔热层。辐射热防护结构允许的最高温度取决于蒙皮材料能够承受的最高温度。辐射平衡温度(即进入蒙皮表面热量与散热抵消时的蒙皮温度)低于 500℃ 时,采用钛合金蒙皮;高于 500℃、低于 900℃ 时采用铁钴镍高温合金;温度为 1 000~1 600℃ 时,采用抗氧化涂层难熔金属;温度更高时,则用耐高温陶瓷、陶瓷纤维或石墨纤维复合材料[6-8]。

对于高速飞行器,当在中高热流条件下进行长时间机动飞行时,其表面温度可以达到 1 600℃ 以上,局部尖锐结构甚至可以超过 2 000℃。为了使这类飞行器维持良好的气动外形,一般选用辐射式防热设计方案,既能够耐高温又能够具有良好承载能力。对于 1 600℃ 左右的使用环境条件,可以选用碳/碳化硅复合材料或抗氧化碳/碳复合材料;对于更高的使用温度条件,一般可采用在表面涂覆难熔金属或在基体中浸渍难熔金属的方式,以满足更高温度的使用环境条件。

对于耐高温陶瓷基复合材料,由于其热导率较高,一般需要在内部增加隔热层,以满足飞行器内部载荷和仪器设备的许用温度要求。隔热层有多种形式,如隔热毡、陶瓷瓦、纳米隔热材料、多层反射屏隔热材料、气凝胶材料等,需要根据隔热层耐温情况、隔热性能、结构尺寸要求等进行选材和设计。

2.4　主动式

主动式防热主要包括发汗冷却和疏导式两种方式。发汗冷却是指气体或液体发汗剂在温度和压力的作用下,将冷却液以"出汗"的形式从多孔介质等结构排放至结构表面,当冷却液流经结构层时会通过流道接触面吸收结构的热量,由于结构的大面积多孔特性,接触面积很大,能有效吸收结构热量。当冷却液流至飞行器时,能够确保结构表面每时每刻都能"出汗"[9-12]。发汗冷却的防热作用表现在发汗剂的吸热、相变潜热及热阻塞效应等方面。如图 2.3 所示,图 2.3(a)左侧为发汗冷却示意图,图 2.3(b)为发汗鼻锥应用实例。

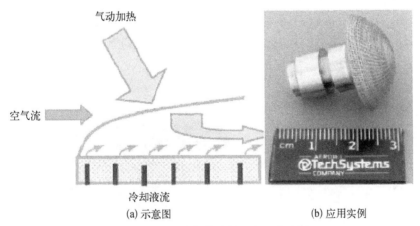

气动加热

空气流

冷却液流

(a) 示意图　　　　　　　　　　(b) 应用实例

图 2.3　发汗冷却热防护示意图及实例

发汗冷却包括自发汗及强迫发汗两类。其中,强迫发汗是指利用一套辅助装置,在压力的作用下,将发汗剂通过多孔蒙皮喷射出。采用这种方法时,发汗剂的喷射速率不能随外界条件的变化而自行调节,而是按预定的程序控制办法来调节其消耗量。自发汗是指将低熔点、易气化的固态物质渗入耐高温多孔材料内,当加热时,渗入的物质就会自动熔化并蒸发而吸收热量。这种发汗方法的优点在于不需要复杂的喷射和控制设备,而且能够随外界条件变化而自行改变发汗剂的熔化和蒸发速度。但渗入的发汗剂量是有限的,因此在加热量较大的情况下,自发汗的应用将会受到限制。

发汗冷却的优点是能够保持高速飞行器外形不变并且具有良好的抗侵蚀性能。此外,发汗冷却还可以用来降低飞行器在高超声速飞行过程所产生的等离子体密度,是解决再入通信中断的一个好方法。发汗冷却的缺点是可靠性较差,任何一点的故障和变化都会引起飞行器表面的熔化和损坏。

疏导式是指利用高导热材料(如高导热碳/碳复合材料)或结构(高温热管)把飞行器局部高温区的热量快速疏导至飞行器的低温区或散热面上,降低局部高温区的温度,使飞行器局部高温区的结构部件温度降低至许用范围之内,进而达到防热的目的[13-14]。高温热管的工作原理如图 2.4(a)所示:高热流密度区的热量通过高温复合材料传递至热管的高温端。热管高温端内部工质吸收热量并气化为工质,所形成的蒸汽流通过热管内部中空的蒸汽通道向冷端移动并在冷凝段液化释放热量,释放的热量又通过热传导到达高温复合材料的外表面,并以辐射、对流等方式排放到外部环境,最后冷凝的工质又通过热管管壁上附着的毛细结构,依靠毛细力返回严重受热区循环使用。飞行器前缘区域的热流密度最大,而随着与前缘距离的增加,热流密度又急剧下降,当处于翼面背风面时,表面热流密度更低,此时比较适合采用热管的冷却方式,热管冷却前缘结构实例如图 2.4(b)所示。

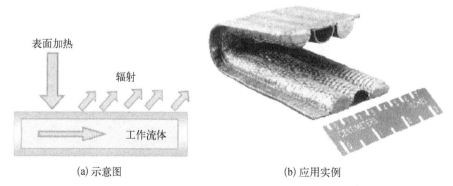

(a)示意图　　　　　　　　　　　　(b)应用实例

图 2.4　热管结构热防护示意图及实例

热管的设计要考虑以下几个问题。

(1)工质的选择。主要考虑工作温度、传热能力、蒸发段的最大热流密度、稳定性等。

（2）管壳的选择。高温工况时管壳的耐压强度、焊接气密性、是否便于成型等。

（3）管芯的选择。管芯要具备大的毛细抽吸能力,小的流动阻力,自身径向热阻要小。

疏导式防热的优点是可以保持外形基本不变,可重用使用性好,最适用于局部加热程度严重而相邻区域加热程度较轻的情况,使整个防热层趋于等温,易减小结构热应力。缺点是启动过程时间比较长,启动条件比较苛刻,需要有一定的势能差才能让工质流动起来,并且热管的使用温度受材料本身的许用温度及冷端散热效率的限制。

未来,既要满足高超声速设计要求,又要节约成本,应着重发展先进的功能复合材料和金属结构材料,研制性能更好的热结构和热防护系统。高速飞行器将朝着长时间大气层内飞行技术方向发展,热防护系统必须同时具备耐高温（1 100~2 200℃）、轻质化、高效隔热等特点,这就需要相应的新型防热材料研制作为支撑[15]。

同时,防热/承力一体化、可重复使用的热防护技术将成为重要的发展方向,因此将具有高耐温性、良好隔热性能及轻质承力结构的材料进行一体化的设计显得尤为重要。这种一体化的设计方案具有明显优势:新的结构兼有承载和防热的双重功能;可充分发挥材料高温强度潜力;可减轻结构质量。但这种防热/承力一体化热防护技术还需重点关注热结构、热匹配性能设计,并且要降低成本。可重复使用热防护技术作为天地往返飞行器的关键技术之一,要求防热结构部件不仅要耐高温、不出现烧蚀,而且要求其高温性能稳定,在多次高低温变换条件下,防热结构性能不能出现明显变化。

参考文献

［1］王国雄.弹头技术［M］.北京:中国宇航出版社,1989.

［2］中国人民解放军总装备部军事训练教材工作委员会,张涵信,张志成.高超声速气动热和热防护［M］.北京:国防工业出版社,2003.

［3］姜贵庆,刘连元.高速气流传热与烧蚀热防护［M］.北京:国防工业出版社,2003.

［4］Bethe H A, Adams M C. A theory for the ablation of glassy materials［J］. Journal of the Aerospace Sciences, 1959, 26(6): 321 – 328.

［5］Becher N, Rosensweig R E. Theory for the ablation of fiber glass-reinforced phenolic resin ［J］. AIAA Journal, 1963, 1(8): 1802 – 1804.

［6］辛玲,于江祥,李雨时.高超声速防空导弹结构防热技术展望［J］.现代防御技术,2012, 40(4): 76 – 83.

［7］ 范真祥,程海峰,张长瑞,等.热防护材料研究进展[J].材料导报,2005,19(1)：13-16.

［8］ 黄盛.新型空天飞行器与热防护系统设计[D].南京：南京航空航天大学,2011.

［9］ 熊宴斌.超声速主流条件发汗冷却的流动和传热机理研究[D].北京：清华大学,2013.

［10］ 张峰.层板发汗冷却理论分析及应用研究[D].长沙：国防科学技术大学,2008.

［11］ 郭春海,张文武,向树红,等.高速飞行器主动气膜冷却热防护数值仿真研究[J].航天器环境工程,2017,34(2)：132-137.

［12］ 向树红,张敏捷,窦靖宇,等.高速飞行器主动式气膜冷却防热技术研究[J].装备环境工程,2015,12(3)：1-7.

［13］ 孙健.高速飞行器前缘疏导式热防护结构的工作机理研究[D].长沙：国防科学技术大学,2013.

［14］ 贾洲侠,张伟,吴振强,等.飞行器主动热防护及试验技术进展[J].强度与环境,2017,44(5)：13-19.

［15］ 刘双.高速飞行器热防护系统主动冷却机制与效能评估[D].哈尔滨：哈尔滨工业大学,2010.

第 3 章

烧蚀热防护理论及预测方法

根据组成，以往将烧蚀型热防护材料分成三类：碳基材料、碳基复合材料和硅基热解复合材料[1]。碳基材料主要由碳元素组成，这种材料的突出优点是有较高的相变温度和相变潜热，在高温下能保持强度。碳化热解复合材料为热解型材料，在受热情况下，有机成分会发生热解反应，从而影响材料的内部结构、组成和温度分布。硅基复合材料为熔化型材料，其组成特点是以含硅化合物为主要成分，其烧蚀表面可能存在 SiO_2 熔融液态层。也可以将烧蚀材料分为树脂基、碳基和陶瓷基三大类：树脂基材料的成型工艺性好、成本低、适合大型成型构件，但受树脂过分热解失效的限制，不能胜任长时间防热的要求；碳基防热材料的烧蚀性能优良，但密度大、隔热性差；陶瓷基材料具有耐热性好、结构稳定的优势，但受工艺限制，不适合制作大型构件，质地硬且脆，抗热震性较差。影响热防护材料性能的主要参数和因素有热导率、密度、比热容、热解热、烧蚀机理等。

3.1 硅基材料烧蚀机理及预测方法

硅基复合材料包括高硅氧、玻璃钢及石英增强复合材料等，是第一代战略弹头的主要热防护材料，由于其制造成本低、工艺实现性高、防隔热综合性能好及具有多功能等特征，目前仍被广泛应用于飞行器的外防热和天线罩/窗等的防热。

硅基复合材料的烧蚀性能与材料的组成组分密切相关，目前根据其烧蚀现象主要分为两类：一类是应用于天线罩/窗的石英增强复合材料，由于在防热的同时需要兼顾透波性能，其增强纤维和基体的主要成分均为 SiO_2，因而其在高温气流作用下的烧蚀机理主要为 SiO_2 组分在高温下由于蒸发和分解而发生的热化学烧蚀及 SiO_2 组分因高温熔融而导致的液态层流失;第二类是目前外防热应用比较广泛的以高硅氧和玻璃钢等为代表的硅基复合材料,主要由玻璃布、高硅氧布和酚醛树脂合成,因酚醛树脂在大于 700 K 的条件下会出现裂解而释放出小分子气体,并产生碳残渣,因而在烧蚀模拟过程中要考虑树脂热解的质量损失,以及因残碳的氧化、碳氮反应及碳的升华等产生的质量损失等。对于第二类情况,材料的烧蚀模拟仍以 SiO_2 高温产生的质量损失为主,在此基础上按树脂的含量考虑总体质量损失、引射热流影响和能量守恒边界的修正方法。本节主要介绍 SiO_2 组分材料高温烧蚀机理模拟与计算方法。

如上所述,SiO_2 组分材料高温烧蚀的质量损失分为两部分,一部分为 SiO_2 因高温熔融形成液态层,在表面气流压力梯度和剪切力作用下产生流失,而另一部分为受气体边界层扩散影响产生的热化学质量损失。SiO_2 组分在高温条件下会发生相变(晶体的熔点为 1973K),同时会蒸发并发生分解反应[2]:

$$SiO_2(l) \longrightarrow SiO_2(g) \tag{3.1}$$

$$SiO_2(g) \longrightarrow SiO(g) + 1/2O_2(g) \tag{3.2}$$

SiO_2 组分热化学质量损失可根据气体边界层的扩散过程进行求解,在以下的两个假设条件下:① 不考虑引射气体与空气或其他气体组元的化学反应;② 扩散与传导的能量传输具有等效性(如 Lewis 数为 1),气化的质量流率 v_i 可表示为[3]

$$\rho_L v_i = \left(\frac{C_{vi}}{1 - C_{vi}}\right)\left(\frac{\psi q_0}{h_s - h_i}\right) \tag{3.3}$$

式中,ψ 为质量引射对气动加热的影响因子;q_0 为无烧蚀表面的气动加热率;h_s 为气流滞止焓或气流总焓;h_i 为当前壁温下的气体焓;ρ_L 为 SiO_2 熔融液体的密度;C_{vi} 为引射气体的质量分数,它可由以下公式来求解[3]:

$$C_{vi} = \left[1 + M\left(\frac{P_s}{P_{vi}} - 1\right)\right]^{-1} \tag{3.4}$$

式中,P_{vi} 为当前壁温下的蒸汽压;P_s 为气流总压;M 为空气和引射气体分子量的比值。

对于驻点或边界层的层流流动[4]：

$$\psi = 1 - 0.68M^{0.26}\rho_L v_i \left(\frac{h_s - h_i}{q_0} \right) \tag{3.5}$$

上面求解的气化的质量流率 v_i 既是 SiO_2 组分高温烧蚀质量损失的重要组成部分，也是 SiO_2 高温熔化形成液层上表面速度边界条件，需要联合迭代求解；而质量引射影响因子 ψ 则为液层表面温度求解的重要影响参数。

SiO_2 组分高温熔融形成的液态层遵循液体流动的边界层方程，一般认为 SiO_2 组分的黏度 μ 随温度 T 增加而呈指数降低的趋势，其计算式可表示为

$$\mu = \exp[(a/T) - b] \tag{3.6}$$

或者近似地表示为

$$\mu/\mu_i = (T/T_i)^{-n} \tag{3.7}$$

液体黏度与温度高度的敏感关系增加了液态层边界层方程求解的难度，目前主要的求解方法包括两类：一类是以 Adams（亚当斯）为代表的基于液体边界层简化的偏解析解的求解方法[3-5]；一类是以 Zien 为代表的基于边界层相似理论的求解方法[6]，该方法能够考虑气体边界层和液体边界层的耦合关系，但由于液体黏度与温度的影响关系造成了动量方程与能量方程较强的耦合关系，精确求解气体流动与液体流动仍具有一定困难[7-8]。下面主要介绍基于驻点液体边界层简化的解析解的求解方法、方法的改进和高温液层黏性系数的参数辨识方法[9]。

3.1.1 硅基材料驻点液态层流失模型

SiO_2 组分高温会发生相变、分解及蒸发等复杂的物理化学过程，而表面液层是这些物理化学变化过程的重要载体。气-液界面会发生分解和蒸发反应，而液-固界面会出现熔化相变反应，液体本身也是流动的，其驱动力为气体边界层的剪切力、压力梯度及由于飞行姿态改变而引起的彻体力等。

对于 SiO_2 组分，高温形成的液层中，液体黏度受温度的影响较大，而在模拟的过程中一般认为液体的密度、热容和热导率是常量，不考虑液体的热膨胀，液层厚度的尺度与飞行器曲率半径的尺度相比是一个小量，取如图 3.1 所示的驻点附近表面液层流动的坐标系。

轴对称再入体的液层流动方程如下[10]。

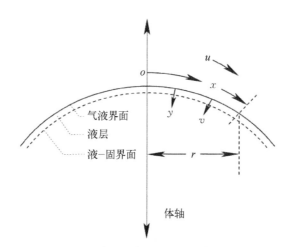

图 3.1　驻点附近表面液层流动与坐标系

连续方程:

$$\frac{\partial}{\partial x}(ru) + \frac{\partial}{\partial y}(rv) = 0 \tag{3.8}$$

动量方程:

$$\rho\left[\frac{\partial u}{\partial t} + u\frac{\partial u}{\partial x} + v\frac{\partial u}{\partial y} - \sqrt{1-\left(\frac{\mathrm{d}r}{\mathrm{d}x}\right)^2}A\right] = -\frac{\partial p}{\partial x} + \frac{\partial}{\partial y}\left[\mu\left(\frac{\partial v}{\partial x}+\frac{\partial u}{\partial y}\right)\right] + 2\frac{\partial}{\partial x}\left(\mu\frac{\partial u}{\partial x}\right) \tag{3.9}$$

$$\rho\left(\frac{\partial v}{\partial t} + u\frac{\partial v}{\partial x} + v\frac{\partial v}{\partial y} - \frac{\mathrm{d}r}{\mathrm{d}x}A\right) = -\frac{\partial p}{\partial y} + \frac{\partial}{\partial x}\left[\mu\left(\frac{\partial u}{\partial y}+\frac{\partial v}{\partial x}\right)\right] + 2\frac{\partial}{\partial y}\left(\mu\frac{\partial v}{\partial y}\right) \tag{3.10}$$

能量方程:

$$\rho C_p\left(\frac{\partial T}{\partial t} + u\frac{\partial T}{\partial x} + v\frac{\partial T}{\partial y}\right) = K\left(\frac{\partial^2 T}{\partial x^2} + \frac{\partial^2 T}{\partial y^2}\right) + \phi$$

$$\phi = \mu\left[2\left(\frac{\partial u}{\partial x}\right)^2 + 2\left(\frac{\partial v}{\partial y}\right)^2 + 2\frac{\partial u}{\partial y}\frac{\partial v}{\partial x} + \left(\frac{\partial u}{\partial y}\right)^2 + \left(\frac{\partial v}{\partial x}\right)^2\right] \tag{3.11}$$

为了得到解析解,需要对上述方程进行简化,应用的简化条件包括液层厚度较薄,驻点处 $\partial T/\partial x = \partial u/\partial x = \partial v/\partial x = 0$, 驻点由飞行姿态改变引起的彻体力不存在流动方向的分力,忽略流动与传热过程的非定常效应等,则液体的流动方程可简化如下。

连续方程:

$$\frac{\partial}{\partial x}(ru) + \frac{\partial}{\partial y}(rv) = 0 \tag{3.12}$$

动量方程:

$$\frac{\partial}{\partial y}\left(\mu\,\frac{\partial u}{\partial y}\right) = \frac{\mathrm{d}p}{\mathrm{d}x} \tag{3.13}$$

能量方程:

$$\rho_L C_{pL}\left(v\,\frac{\partial T}{\partial y}\right) = K\,\frac{\partial^2 T}{\partial y^2} \tag{3.14}$$

式中,u、v 为边界层坐标的速度分量;ρ_L、C_{pL} 和 K 分别为液层密度、比热和热导率。

这组方程在 y 方向上的边界条件为

$$y = -\infty, \quad v = v_w, \quad u = 0, \quad T = 0$$

$$y = 0, \quad v = v_i, \quad \mu\left(\frac{\partial u}{\partial y}\right) = \tau_i, \quad T = T_i \tag{3.15}$$

上述边界条件中,τ_i、v_i、T_i 可结合气体边界层和气-固界面能量守恒关系进行求解。为得到解析解,方程组的求解顺序为能量方程、动量方程和连续方程。

对能量方程积分一次得到:

$$\frac{\partial T}{\partial y} = \left(\frac{\partial T}{\partial y}\right)_i \exp\left[(1/k)\int_0^y v\mathrm{d}y\right]$$

$$k = K/\rho C_p \tag{3.16}$$

以 v_w 代替 v,对能量方程进行二次积分得到:

$$T = \left(\frac{\partial T}{\partial y}\right)_i \exp(v_w y/k) = T_i\exp(y/\delta_T) \tag{3.17}$$

式中，$\delta_T = k/v_w$，其物理意义为液层温度降低一个数量级的液层厚度，坐标 y 是小于 0 的。

根据液体黏度与温度的影响关系得到液层内部的黏度表达式：

$$\mu = \mu_i \mathrm{e}^{-y/\delta} \tag{3.18}$$

式中，$\delta = \delta_T/n = k/(nv_w)$，即通常意义上的表面液层厚度，其物理意义为液体黏度降低一个数量级时所在位置距离液体表面的厚度。

对动量方程进行一次积分得到：

$$\mu \frac{\partial u}{\partial y} = \tau_i + P_x y \tag{3.19}$$

对动量方程进行二次积分，可得速度 u 的解析式：

$$u(y) = \frac{\delta}{\mu_i} \mathrm{e}^{y/\delta} \left[\tau_i + P_x \delta \left(\frac{y}{\delta} - 1 \right) \right] \tag{3.20}$$

利用边界条件式，从连续方程可得

$$\frac{v_i}{v_w} = 1 - \frac{1}{v_w} \frac{\mathrm{d}}{\mathrm{d}x} \left[r \frac{\delta^2}{\mu_i} (\tau_w - 2P_x \delta) \right] \tag{3.21}$$

对驻点，利用驻点条件：

$$r = x, \quad \tau_i = \tau_i x, \quad P_x = P_{xx} x, \quad \delta_x = \tau_{ix} = \mu_{ix} = 0 \tag{3.22}$$

可简化为代数方程：

$$v_i = v_w - \frac{2\delta^2}{\mu_i} (\tau_{ix} - 2P_{xx} \delta) \tag{3.23}$$

3.1.2　基于温度边界固液耦合与算法改进

基于解析解的经典方法在硅基复合材料的烧蚀模拟过程中得到了广泛的应用，但在实际的计算中仍面临一定的问题，例如，对液态层厚度的定义并不十分明确，实际计算的液层厚度偏薄，以无穷远作为温度和速度的边界，烧蚀和传热的耦合计算带来了边界的不确定性等，使温度计算存在偏差，下面介绍一种基于经典理论的改进计算方法。

考虑实际的液层为一个厚度有限的流动层，如图 3.2 所示[11]。

液层的流动仍满足简化的边界层流动方程［式(3.12)～式(3.14)］，在气-液

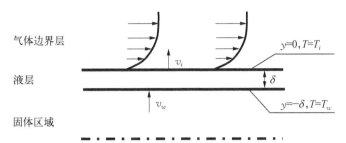

图 3.2　硅基复合材料表面烧蚀的三层结构

界面满足传热边界条件和剪应力边界条件:

$$y = 0, \quad K\frac{\partial T}{\partial y}\bigg|_{y=0} = \psi q_0 - \rho v_i \Delta H_{\mathrm{SiO_2}}$$

$$y = 0, \quad \mu_{y=0}\frac{\partial u}{\partial y}\bigg|_{y=\delta} = \tau_i$$

$$y = 0, \quad v = v_i$$

式中,$\Delta H_{\mathrm{SiO_2}}$、$v_i$ 分别为 $\mathrm{SiO_2}$ 的蒸发潜热和蒸发速率。

在固-液界面,满足速度无滑移、界面温度及速度边界条件:

$$y = -\delta, \quad u = 0, \quad T = T_w, \quad v = v_w$$

式中,v_w 为固体的熔化速度;δ 为液层的厚度;T_w 为固体的熔化温度。

利用式(3.16)的结果,从 $y = -\delta$(固-液界面)再次积分,可得

$$T(y) = T_w + \left(\frac{\partial T}{\partial y}\right)_i \left[\exp(-v_w y/k) - \exp(-v_w \delta/k)\right] \tag{3.24}$$

在液层表面,$y = 0$,$T(y) = T_i$,则有

$$\left(\frac{\partial T}{\partial y}\right)_i = \frac{T(y) - T_w}{1 - \exp(-v_w \delta/k)} \tag{3.25}$$

则得到液层温度分布的表达式:

$$T(y) = T_w + \frac{T_i - T_w}{1 - \exp(-v_w \delta/k)}\left[\exp(-v_w y/k) - \exp(-v_w \delta/k)\right]$$

$$\tag{3.26}$$

同样,对于高黏度流动,黏性系数近似满足 $\mu/\mu_i = (T/T_i)^{-n}$,则有

$$\frac{\mu}{\mu_i} = \left(\frac{T}{T_i}\right)^{-n} = \left(\frac{T_w + \dfrac{T_i - T_w}{1 - \exp(-v_w\delta/k)}[\exp(v_w y/k) - \exp(-v_w\delta/k)]}{T_i}\right)^{-n}$$

(3.27)

根据式(3.16),有

$$\left(\frac{\partial T}{\partial y}\right)_{-\delta} = \frac{T_i - T_w}{\dfrac{k}{v_w}[1 - \exp(-v_w\delta/k)]}\exp(-v_w\delta/k)$$

(3.28)

在固-液界面处满足能量平衡:

$$\left(\frac{\partial T}{\partial y}\right)_{-\delta} - q_{\text{solid}} = \rho v_w \Delta H_L$$

(3.29)

式中,q_{solid} 为二氧化硅固体向材料内部的传热热流;ΔH_L 为液体的熔化热。

将式(3.29)代入式(3.28),得到:

$$K\frac{T_i - T_w}{\dfrac{k}{v_w}[1 - \exp(-v_w\delta/k)]}\exp(-v_w\delta/k) = q_{\text{solid}} + \rho v_w \Delta H_L$$

(3.30)

设

$$b = \frac{k(q_{\text{solid}} + \rho v_w \Delta H_L)}{K v_w[T_w - T(-\delta)]} = \frac{\exp(-v_w\delta/k)}{[1 - \exp(-v_w\delta/k)]}$$

(3.31)

则有

$$b - b\exp(-v_w\delta/k) = \exp(-v_w\delta/k)$$

$$\ln[b/(1+b)] = -v_w\delta/k$$

(3.32)

最终得到液层厚度的表达式为

$$\delta = -\frac{k\ln[b/(1+b)]}{v_w}$$

(3.33)

根据黏性系数与温度的关系式(3.27),设

$$\frac{1}{\mu} = \frac{f(y)}{\mu_w}$$

$$f(y) = \left(\frac{T_w + \dfrac{T_i - T_w}{1 - \exp(-v_w\delta/k)}\left[\exp(v_w y/k) - \exp(-v_w\delta/k)\right]}{T_i} \right)^n$$

(3.34)

式(3.19)从 $y = -\delta$ 积分,得到:

$$u(y) = \int_{-\delta}^{y} \frac{1}{\mu_i} f(y)(\tau_i + p_x y)\,\mathrm{d}y \qquad (3.35)$$

根据连续方程得到液层的流失速率:

$$v_i - v_w = -\frac{1}{r}\frac{\partial}{\partial x}\int_{-\delta}^{0} ru\,\mathrm{d}y = -\frac{1}{r}\frac{\partial}{\partial x}\int_{-\delta}^{0}\left[\frac{r}{\mu_i}\int_{-\delta}^{y} f(y)(\tau_i + p_x y)\,\mathrm{d}y\right]\mathrm{d}y \quad (3.36)$$

硅基复合材料因高温烧蚀所形成的液层厚度与液体的黏度密切相关,高硅氧和玻璃钢材料由于高温烧蚀形成的液体黏度较低,烧蚀后材料表面几乎没有残存的液层;而高黏度的石英增强二氧化硅材料由于高温烧蚀形成的液体黏度较高,试验后可以明显地看到液层的存在,如图 3.3 所示。某种石英增强二氧化硅材料的地面电弧风洞试验状态参数见表 3.1,应用改进算法计算的二氧化硅液层厚度与试验测量结果的对比如图 3.4 所示,改进算法对液层的捕捉还是比较准确的。

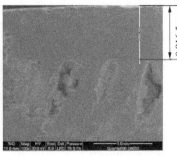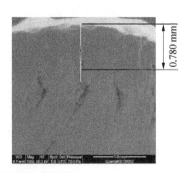

图 3.3　烧蚀模型与典型状态下的液层厚度测量

表 3.1   地面电弧风洞试验状态参数

状　态	总焓 $H_0/(\text{MJ/kg})$	驻点冷壁热流 $q_{s,cw}/(\text{MW/m}^2)$	驻点压力 P_s/MPa
I	4.3	5.2	0.275
II	6.0	7.5	0.220
III	7.3	8.8	0.217
IV	8.2	12.6	0.260

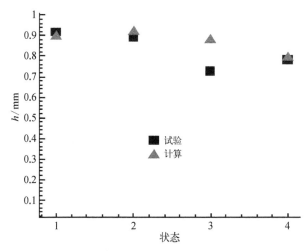

图 3.4   液层厚度理论计算与试验测量结果对比

3.1.3   高温液层黏性系数的参数辨识方法

硅基复合材料因高温烧蚀形成液态的液体黏度对材料的烧蚀性能影响很大,因而高温液体黏度的确定十分重要。传统的液体黏度的测量方法包括毛细管式、旋转筒式及落球式等,但硅基材料高温液层表面的温度最高可达 3 000 K,目前还没有成熟的直接测量方法。下面介绍一种基于地面试验设计、理论分析及数值模拟相结合的方法确定二氧化硅黏度系数的参数辨识法[9]。

1. 参数辨识的系统识别原理

系统分析和系统识别是一个问题的两个方面,系统分析通常是求解正问题,系统辨识是求解反问题[12]。图 3.5 为典型系统的辨识过程图,辨识的基本思想是根据系统的运作和试验测量的数据按照给出的系统"等价原则",从一群候选模型的集合中,确定出一个与系统特性等价的数学模型。

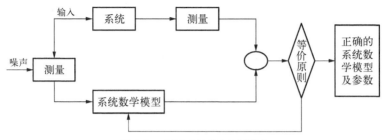

图 3.5 典型系统辨识过程图

对于正问题,给定输入条件,由系统数学模型及参数给出输出结果;而对于反问题,给定输入条件,由输出结果修改数学模型及参数,再由等价原则得到正确的系统数学模型及参数。系统辨识应用于空气动力学,即气动参数辨识[13-14],它是飞行器系统辨识中发展较为成熟的领域之一,也曾成功应用于材料的热导率的确定与防热涂层材料防热性能分析,本节主要分析硅基复合材料黏性系数的辨识。

1) 状态方程

状态方程采用经典解析解的液体流失方程:

$$(1 - f)v_w = \frac{2\delta^2}{\mu_i}(\tau_{ix} - 2P_{xx}\delta)$$

$$f = v_i/v_w \tag{3.37}$$

为方便运算灵敏度方程,将式(3.37)写成无因次方程,令

$$V_w = v_w/\bar{V}_w^*, \quad \delta = \bar{\delta}/\bar{x}^*, \quad \mu = \bar{\mu}_{wL}/\bar{\mu}_{wL}^*$$

$$\tau_{wx} = \bar{\tau}_{wx}/\bar{\tau}_{wx}^*, \quad \gamma_{xx} = P_{xx}\bar{x}^*/\bar{\tau}_{wx}^* \tag{3.38}$$

则有

$$(1 - f)V_{-\infty} = \frac{2\delta^2}{\bar{\mu}_{wL}}(\tau_{wx} - 2P_{xx}\delta)F$$

$$F = \frac{\bar{x}^{*2}\bar{\tau}_{wx}^*}{\bar{\mu}_{wL}^*\bar{V}_{-\infty}^*} \tag{3.39}$$

式(3.39)即系统的状态方程,取与表面热流和温度相关的液层厚度关系式:

$$\delta = \frac{\bar{K}_L\bar{T}_w}{x^*}\left[\frac{1}{n[\psi\bar{q}_{or}(1 - \bar{h}_w/\bar{h}_r)] - f\bar{\rho}_L\bar{V}_{-\infty}\Delta\bar{H}_c}\right] \tag{3.40}$$

式中,

$$f = A_2 + A_3 \frac{1}{V_{-\infty}} \tag{3.41}$$

$$A_2 = \frac{(f_P/2)(1 + A_1)}{1 + 0.62B_c + 0.62(1 + A)A_1} \tag{3.42}$$

$$A_3 = \frac{[A_1 + (1 + A_1)\bar{B}_c]q_{or}/\rho_c V_{-\infty}^* h_r}{1 + 0.62B_c + 0.62(1 + B_c)A_1} \tag{3.43}$$

$$A_1 = \frac{1}{[M(P_e/P_c) - 1]} \tag{3.44}$$

式中, M 为空气与引射气体分子量的比值。

$$\mu_{wL} = \mu_{wL}^* \exp[-20a + (17.22b/T_w)]$$

$$n = 17.22b/T_w, \quad T_w = \bar{T}_w/4\,000 \tag{3.45}$$

式中, a、b 为待辨识参数。

2) 敏度方程

定义无因次烧蚀速度对辨识参数的偏导数为灵敏度函数:

$$c = \frac{\partial V_{-\infty}}{\partial a}, \quad d = \frac{\partial V_{-\infty}}{\partial b} \tag{3.46}$$

函数 c、d 所满足的数学守恒方程称为灵敏度方程,以下推导灵敏度方程。

对式(3.39)两边求 a 的偏导,并应用以下关系式:

$$\delta = \frac{\bar{K}_L(\bar{T}_w - \bar{T}_o)}{x^* n[A_6 + A_7 V_{-\infty}]} \tag{3.47}$$

$$\delta_a = \frac{-\bar{K}_L(\bar{T}_w - \bar{T}_o)}{x^* n[A_6 + A_7 V_{-\infty}]^2} A_7 c \tag{3.48}$$

$$\delta_b = \frac{-\bar{K}_L(\bar{T}_w - \bar{T}_o)}{x^* n[A_6 + A_7 V_{-\infty}]^2} \frac{17.22}{\bar{T}_w} - \frac{-\bar{K}_L(\bar{T}_w - \bar{T}_o)}{x^* n[A_6 + A_7 V_{-\infty}]^2} A_7 d \tag{3.49}$$

$$T = \frac{\bar{T}_w}{4\,000} \tag{3.50}$$

可得到以下灵敏度方程:

$$c = \cfrac{\cfrac{-40\delta^2}{\mu_{wL}}(\tau_{wx} - 2p_{xx})}{(1 - A_2) + \cfrac{4\delta}{\mu_{wL}}(\tau_{wx} - 2p_{xx})\left[\cfrac{\bar{K}_L(\bar{T}_w - \bar{T}_o)}{\bar{x}^* n (A_6 + A_7 V_{-\infty})^2}\right] A_7} F \qquad (3.51)$$

$$d = \cfrac{\cfrac{-\bar{K}_L(\bar{T}_w - \bar{T}_o)}{x^* n^2 (A_6 + A_7 V_{-\infty})}\left(\cfrac{17.22}{T_w}\right) - \cfrac{2\delta^2}{\mu_{wL}}\cfrac{17.22}{T_w}(\tau_{wx} - 2p_{xx}\delta)}{(1 - A_2) + \cfrac{4\delta}{\mu_{wL}}(\tau_{wx} - 2P_{xx})\left[\cfrac{\bar{K}_L(\bar{T}_w - \bar{T}_o)}{\bar{x}^* n (A_6 + A_7 V_{-\infty})^2}\right] A_7} F \qquad (3.52)$$

式(3.51)和式(3.52)即灵敏度方程。

2. 辨识准则函数

得到灵敏度方程,还需要辨识准则函数,以求出辨识参数 a 和 b。本节应用最大似然法来确定辨识准则函数,最大似然法的含义为,若系统模拟正确,则有关系统中未知参数的信息全部包含于似然函数中,对于给定的观察量 X,参数估计的最大似然法就是指选取参数 $\hat{\lambda}$ 使似然函数 L 达到最大值。

$$\hat{\lambda} = \max L(\lambda/X), \quad \lambda \in \Theta \qquad (3.53)$$

引进辨识准则函数:

$$J = \sum_{i=1} \left| V_{-\infty}^i(a, b, T_w) - Z^i(T_w) \right|^2 \qquad (3.54)$$

式中,i 指不同加热状态;$V_{-\infty}^*(a, b, T_w)$ 是满足状态方程的解;$Z(T_w)^i$ 为观察值,可表示为 $Z = V_{-\infty}(T_w)^i + er$, er 为观察噪声。

对式(3.54)进行泰勒级数展开,得

$$J_{n+1} = J_n + \frac{\partial J}{\partial a}\Delta a + \frac{\partial J}{\partial b}\Delta b + o(\Delta a^2, \Delta b^2) \qquad (3.55)$$

J 取最小值的必要条件为

$$\frac{\partial J_{n+1}}{\partial a} = 0 \qquad (3.56)$$

$$\frac{\partial J_{n+1}}{\partial b} = 0 \qquad (3.57)$$

利用式(3.56)和式(3.57),可建立确定 Δa、Δb 的两个代数方程:

$$\frac{\partial^2 J}{\partial a^2}\Delta a + \frac{\partial^2 J}{\partial a \partial b}\Delta b = -\frac{\partial J}{\partial a} \tag{3.58}$$

$$\frac{\partial^2 J}{\partial a \partial b}\Delta a + \frac{\partial^2 J}{\partial b^2}\Delta b = -\frac{\partial J}{\partial b} \tag{3.59}$$

式 (3.54) 分别对 a、b 求偏导，可得

$$\frac{\partial J}{\partial a} = 2\sum_i \left[V_{-\infty}^i(a, b, T_w)^i - Z(T_w)^i \right] \frac{\partial V_{-\infty}}{\partial a} \tag{3.60}$$

$$\frac{\partial J}{\partial b} = 2\sum_i \left[V_{-\infty}^i(a, b, T_w) - Z^i(T_w) \right] \frac{\partial V_{-\infty}}{\partial b} \tag{3.61}$$

对 J 求二阶偏导，则有

$$\frac{\partial^2 J}{\partial a^2} = 2\sum_i \left[V_{-\infty}^i(a, b, T_w)^i - Z^i(T_w) \right] \frac{\partial V_{-\infty}}{\partial a^2} - 2\sum \frac{\partial V_{-\infty}}{\partial a}\frac{\partial V}{\partial a} \tag{3.62}$$

对收敛解，式 (3.62) 中的第一项很快趋于零，可略去，这样 J 对 a，b 的二阶偏导数可分别写为

$$\frac{\partial^2 J}{\partial a^2} = 2\sum c^2 \tag{3.63}$$

$$\frac{\partial^2 J}{\partial a \partial b} = 2\sum cd \tag{3.64}$$

$$\frac{\partial^2 J}{\partial b^2} = 2\sum d^2 \tag{3.65}$$

这样便可由式 (3.58)~式 (3.65) 求出 Δa 和 Δb。

整个辨识过程可概括为如下步骤：

(1) 给出预定值 a_0，b_0；

(2) 求解式 (3.51) 和式 (3.52) 得到 $c(a, b, T_w, V_{-\infty})$、$d(a, b, T_w, V_{-\infty})$；

(3) 由式 (3.54) 计算辨识准则函数及其一阶、二阶导数，并由式 (3.58) 和式 (3.59) 计算 Δa 和 Δb；

(4) 判断是否收敛，即

$$\left| \frac{J^{n+1} - J^n}{J^{n+1}} \right| < \varepsilon$$

式中，ε 为控制小量。

若收敛，则

$$a = a_0 + \Delta a$$
$$b = a_0 + \Delta b$$

若不收敛，则以 a、b 返回步骤（2）重复迭代。

3. 典型高黏度硅基材料黏性系数的参数辨识

辨识材料模型选取 3.1.2 节所用的高黏度二氧化硅材料，试验状态参数如表 3.1 所示，采用参数辨识技术得到的黏性系数（$\mathrm{kg \cdot s/m^2}$）为

$$\mu = 0.01\exp\left(\frac{73\,364.2}{T} - 18.702\right) \tag{3.66}$$

材料烧蚀速度计算与试验测量结果的比较如图 3.6 所示，从图中可以看出，应用黏性系数计算的烧蚀速度与试验测量结果吻合较好。

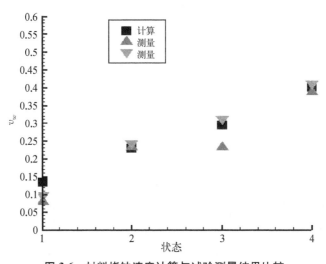

图 3.6　材料烧蚀速度计算与试验测量结果比较

3.2　碳/碳材料烧蚀机理及预测方法

碳/碳材料是由碳纤维增强碳质基体组成的多相碳素体材料，具有与纤维增强复合材料相同的比强度和比刚度高、比重轻、材料可设计性强等属性。同时，

碳/碳材料几乎完全由碳元素组成,因而具有许多碳素体材料的优点,如高导热性、高导电性、耐热冲击性、膨胀性和摩擦性能优良等。由于碳素材料的微观结构及升华温度高的独特属性,又赋予了该复合材料优异的耐热性和耐烧蚀性,是在惰性气氛中高温力学性能较好,以及在烧蚀环境下烧蚀性能极佳的材料。碳/碳材料具有良好的综合热力性能,已广泛应用于军事工业和民用工业的各个领域,已从最初的二维(2D)碳布发展出了三维(3D)三向、五向、七向、十一向等多种编织形式。另外,为了提高碳/碳材料的高温抗氧化性能,众多研究集中在了对材料的基体改性(包括纤维、基体、结构的改造等)以及外部高温抗氧化涂层的技术上,发展出了硼化物、硅化物、锆化物等单相或多相复合改性的碳/碳材料。

3.2.1 碳/碳材料烧蚀基本假设与模拟方法

碳/碳材料是一种典型的烧蚀型防热材料,通过牺牲材料的一部分质量来达到防热的效果。在地球再入或飞行气动加热环境下,材料表面可能发生的主要物理、化学反应包括碳氧化反应、碳氮反应和碳升华反应:

$$C+O_2/O \longrightarrow CO/CO_2 \tag{3.67}$$

$$C+N_2/N \longrightarrow CN/CN_2/C_2N_2 \tag{3.68}$$

$$C \longrightarrow C_{1,2,3,\cdots,7} \tag{3.69}$$

一般认为,在1 700 K以下时,材料表面产生的化学反应以碳氧化反应为主,且氧化速率受反应速率控制;当温度高于1 700 K时,化学反应速率快速增加,碳氧化反应逐步转变为材料表面氧的扩散控制;当温度达到2 500 K时,碳氮反应开始对材料烧蚀速率产生影响;当温度达到3 000 K以上时,碳升华反应会变得非常明显。当然,以上温度分段并非绝对值,各反应出现的温度范围还与材料表面的压力密切相关。材料在气动加热环境下时,通常认为受材料表面物理化学反应产生的热效应与材料表面气体对流加热、辐射加热及材料内部热传导等热交换过程相互耦合影响,温度由材料表面的能量守恒关系决定。另外,在气流压力或剪切力较高的情况下,碳/碳材料表面还会出现不同程度和不同形式的力学强度破坏,又称为机械剥蚀。碳/碳材料在气动力、热、化学等因素综合影响下的表面能量守恒的示意如图3.7所示。

因此,对碳/碳材料表面及内部传热传质过程的准确认识直接关系到碳/碳

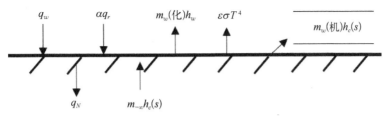

图 3.7　碳/碳材料在气动加热环境下的表面能量守恒示意图

材料烧蚀质量损失及温度响应的预测精度。经过多年发展,目前针对碳/碳材料热化学烧蚀已有了相对成熟的预测方法,其预测模型大致可分为两类:表面烧蚀及体积烧蚀预测方法。但是,仍有一些现象没有得到很好的解释,或缺乏有效的预测和分析方法,这些现象包括:碳/碳材料在较高环境下的机械剥蚀现象、材料烧蚀过程中出现的工艺尺度微观烧蚀现象、由工艺差别引起的材料烧蚀性能差异等。

在不同的压力及温度环境下,碳/碳材料烧蚀过程的主要控制机制和烧蚀现象也各不相同。如图 3.8 所示,随着材料表面温度的不断升高,碳/碳材料会先后经历① 动力学烧蚀、② 扩散控制烧蚀及③ 升华烧蚀三个阶段。需要再次说明的是,这在三个阶段,材料表面发生的主要化学反应机制与控制机制存在差别,但并不意味着其他反应不会出现或可以完全不予考虑,具体影响效果还需结合具体问题进行针对性的分析,且这三个阶段的转变温度区间与材料表面压力密切相关。

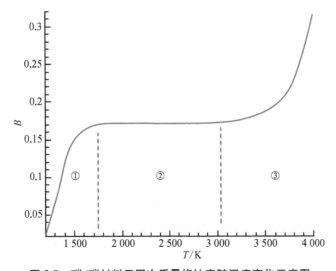

图 3.8　碳/碳材料无因次质量烧蚀率随温度变化示意图

图 3.8 中的 B 值表示防热材料的无因次质量烧蚀率,一般用于表征防热材料在气动加热环境下的质量损失特性,其定义式为

$$B = \frac{\dot{m}}{(\rho u)_e C_M} \tag{3.70}$$

式中, $\dot{m}$ 为材料质量烧蚀速率,单位为 $kg/(m^2 \cdot s)$; $(\rho u)_e C_M$ 为来流气体扩散至材料表面的气体质量流率,单位为 $kg/(m^2 \cdot s)$ 。

防热材料的 B 值越大,表示材料在同样来流条件下的烧蚀质量损失越大。但需要指出的是,由于气动热环境状态以及选取的反应动力学和组元热力学参数的差异,图 3.8 中的曲线特征和趋势还会出现相应的变化,应针对具体的问题进行具体分析。

通过流场计算给定来流气体扩散至材料表面的气体质量流率 $(\rho u)_e C_M$,或者采用传热传质等效假设并给定来流气动加热相关参数,可以使用防热材料的 B 值换算得到材料在不同来流条件下的质量烧蚀率或线烧蚀速率。

常用碳元素氧化动力学计算式如表 3.2 所示。

表 3.2 常用碳元素氧化动力学计算式($C+O_2 \longrightarrow CO$)

反应速率关系式	反应常数形式	$E/$ (kJ/mol)	k_0
$\dot{m} = kP_{O_2}$	$k = k_0 T^{-1/2} \exp(-E/RT)$	184	9.55×10^6 g $\cdot$ K$^{1/2}$ $\cdot$ cm^{-2} $\cdot$ s^{-1} $\cdot$ atm^{-1} [①]
$\dot{m} = k(P_{O_2})^{1/2}$	$k = k_0 \exp(-E/RT)$	184	3.28×10^3 g $\cdot$ cm^{-2} $\cdot$ s^{-1} $\cdot$ atm$^{-1/2}$
$\dot{m} = k(P_{O_2})^{1/2}$ $T_0 = 1\,000$ K	$k = k_0 T^{-1} \exp[-E(T-T_0)/RT_0^2]$	184	1.049×10^{-3} g $\cdot$ K $\cdot$ cm^{-2} $\cdot$ s^{-1} $\cdot$ atm$^{-1/2}$
$\dot{m} = kP_{O_2}$ $T^* = 1\,230$ K	$k = k_0 T^{-1} \exp[-E(T-T^*)/RTT^*]$	74	12.33 g $\cdot$ K $\cdot$ cm^{-2} $\cdot$ s^{-1} $\cdot$ atm
$\dot{m} = k(P_{O_2})^{1/2}$	$k = k_0 \exp(-E/RT)$	184	2.18×10^4 g $\cdot$ cm^{-2} $\cdot$ s^{-1} $\cdot$ atm$^{-1/2}$

通过表 3.2 中的计算公式,可以计算得到不同温度、压力环境下碳/碳材料的质量损失速率,但需要指出的是,此处的压力为材料表面的壁面压力,受材料表面的化学反应动力学过程、边界层内气体扩散过程等因素耦合影响,在工程计算时应予以综合考虑。

---

① 1 atm = $1.013\,25 \times 10^5$ Pa。

　　扩散控制烧蚀,是指材料表面的化学反应速率很快,导致扩散至材料表面的气体全部被材料烧蚀过程所消耗,材料的质量损失速率受材料表面气体扩散过程控制。对于碳/碳材料,指碳的氧化反应受材料表面扩散至壁面的氧气的含量的控制。

　　考虑式(3.67)的碳氧化反应方程,可以直接求得碳/碳材料在此条件下的无因次质量烧蚀率,反应消耗的 C 的质量和 O_2 的质量关系为

$$\frac{\dot{m}_C}{\dot{m}_{O_2}} = \frac{2M_C}{M_{O_2}} \tag{3.71}$$

材料的无因次质量烧蚀率的计算表达式为

$$B = \frac{\dot{m}}{(\rho u)_e C_M} = \frac{\dot{m}_C}{\dot{m}_{O_2}/c_{O_2}} = \frac{2M_C c_{O_2}}{M_{O_2}} \tag{3.72}$$

式中,c_{O_2} 为来流中 O_2 的质量分数;M_C、M_{O_2} 分别为 C 和 O_2 的分子质量。

　　1) 热化学平衡烧蚀计算方法

　　事实上,当材料表面温度足够高时,材料表面发生的化学反应速率都非常快,材料表面可以近似看作化学平衡状态。因此,可采用热化学平衡烧蚀的计算方法对材料高温热化学烧蚀速率进行计算。进行热化学平衡烧蚀分析的基本对象是假定在材料表面的一个与外界存在质量和热量交换的开放系统,由于系统内温度足够高,化学反应速率足够快,所有化学反应均近似处于化学平衡状态。这种平衡状态决定了系统内各气体组元的分压关系,也决定了进入和离开材料表面控制体的各化学元素的比例。热化学平衡烧蚀分析的两个基本原理为,材料表面控制体内的热化学平衡原理及控制体内的元素质量守恒原理。

　　如图 3.9 所示,在材料烧蚀表面取控制体,在烧蚀状态下,控制体与外界存

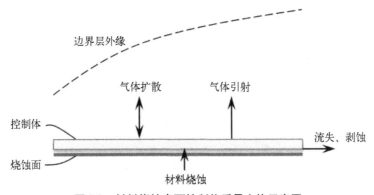

图 3.9　材料烧蚀表面控制体质量交换示意图

在的质量交换包括：① 边界层外缘与控制体之间的气体扩散；② 控制体内气体向边界层外缘引射；③ 材料烧蚀进入控制体；④ 凝相（固态、液态）产物流失或剥蚀离开控制体。

材料表面控制体内，化学元素 k 的质量守恒方程为

$$\dot{m}_c Y_{kc} = j_{kw} + (\rho v)_w Y_{kw} + \sum_f \dot{m}_f Y_{kf} \tag{3.73}$$

式中，$\dot{m}_c$ 为材料质量烧蚀率；$\dot{m}_f$ 为凝相产物质量流失（或剥蚀）速率；j_{kw} 为元素 k 的扩散质量流率；$(\rho v)_w$ 为引射气体质量流率；Y_{kc}、Y_{kw} 和 Y_{kf} 分别为元素 k 在烧蚀材料、表面控制体及流失组元中的质量分数。

在化学平衡假设条件下，材料表面控制体内所有组元的分压均满足相关化学反应的平衡条件，即

$$\prod_{i=1}^{n} \left(\frac{P_i}{P^\theta} \right)^{v_i} = K_p^\theta \tag{3.74}$$

式中，K_p^θ 为化学反应标准平衡常数；v_i 为反应物和生成物的计量数，且对于产物取正值，反应物取负值。

另外，控制体内所有组元应满足道尔顿分压定律，即分压之和等于控制体混合气体的总压：

$$\sum_{i=1}^{n} P_i = P_0 \tag{3.75}$$

联立以上方程，可以求解得到材料在不同温度、压力条件下的烧蚀特性及表面气体组分等相关参数。图 3.10 给出了使用热化学平衡分析方法计算得到的碳/碳材料在不同压力条件下的无因次质量损失率随温度的变化情况。

3.2.2 多组元碳基材料烧蚀模拟方法

通过制备工艺改进与优化，在碳/碳材料中添加 Si、Zr、Hf 及其氧化物、碳化物等，是提升其在一定气动加热环境下抗氧化性能的重要途径，本节将以含锆类碳/碳材料为例，介绍多组元碳基材料烧蚀模拟方法。多组元碳基材料主要依赖于其表面在气动加热环境下形成的一层薄氧化膜/层来实现抗氧化，该氧化膜/层能够阻滞材料基体与来流中的氧持续接触，从而避免材料基体过快氧化烧蚀。针对此类材料的研究，需重点关注其表面氧化膜/层的形成、演化、留存性能，并

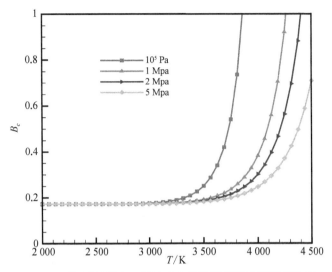

图 3.10　碳/碳材料在不同压力条件下的无因次质量损失率

分析其对材料表面传热、基体氧化烧蚀等过程的影响规律。

为了给出高温条件下材料表面形成氧化膜的定量判据,对材料表面的气体扩散过程和表面氧化反应机制进行综合分析和判断。假设 C 和 ZrC 在材料表面按组成比例均匀分布,并按摩尔比例记为 $C_x ZrC_y (x+y=1)$,则材料表面可能发生的主要化学反应有

$$C_x ZrC_y + (0.5x+y) O_2 \Longleftrightarrow (x+y) CO + yZrO \quad (3.76)$$

$$C_x ZrC_y + (0.5x+1.5y) O_2 \Longleftrightarrow (x+y) CO + yZrO_2 \quad (3.77)$$

将控制条件式(3.76)下的氧化机制称作低烧蚀碳/碳材料的主动氧化状态,将控制条件式(3.77)下的氧化机制称为低烧蚀碳/碳材料的被动氧化状态,如图 3.11 所示。

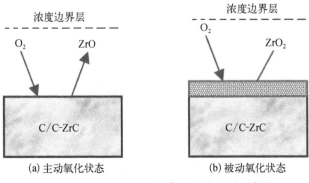

图 3.11　C/C‒ZrC 材料表面氧化机制示意图

假设所有化学反应均在材料表面进行,且在表面浓度边界层内不发生任何化学反应,遵循一维稳态扩散规律。来流中的 O_2 通过浓度边界层扩散至材料表面,生成 ZrO 气体或固态的 ZrO_2 氧化膜,如图 3.12 所示。

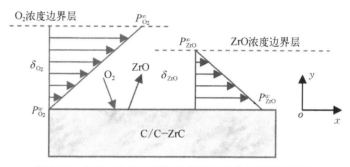

图 3.12　C/C-ZrC 材料氧化转换过程分析模型示意图

当来流氧分压从低到高变化时,材料表面的氧化机制将从主动氧化向被动氧化转变,这个转变的临界点即材料表面氧化膜的生成条件。

在该临界状态点,材料表面仅生成 ZrO 气体,材料表面刚好达到反应生成 ZrO_2 的临界条件。因此,材料表面氧化膜的生成条件应满足以下关系式:

$$K_1 = \frac{(P_{ZrO}^w)^y (P_{CO}^w)^{x+y}}{(P_{O_2}^w)^{(x+2y)/2}} \tag{3.78}$$

$$\left[(P_{O_2})^{0.5} P_{ZrO} \right]_{max} = K_3^{-1} \tag{3.79}$$

根据气体扩散过程的菲克(Fick)第一定律,理想气体一维稳态扩散通量的表达式可写为

$$J_i = -D_i \frac{P_i^\infty - P_i^w}{\delta RT} P^\theta \tag{3.80}$$

式中,J_i 为气体扩散通量;D_i 为气体扩散系数;$P^\theta = 10^5$ Pa,为标准大气压;δ 为边界层厚度;R 为通用气体常数;T 为表面温度;上角标 ∞ 表示边界层外缘;上角标 w 表示材料表面。

在该临界状态下,材料表面仅发生如式(3.76)所示的化学反应,且浓度边界层内没有氧化反应发生,即没有 O_2 消耗,因此由式(3.76)可知,该状态下 O_2、ZrO、CO 等气体的扩散通量对应关系为

$$\frac{J_{O_2}}{J_{ZrO}} = \frac{0.5x + y}{y} \tag{3.81}$$

$$\frac{J_{O_2}}{J_{CO}} = \frac{0.5x + y}{x + y} \tag{3.82}$$

考虑到式(3.76)中的平衡常数较大,因此可近似取 $P_{O_2}^w \ll P_{O_2}^\infty$, $P_{CO}^w \gg P_{CO}^\infty$, $P_{ZrO}^w \gg P_{ZrO}^\infty$。另外,浓度边界层厚度与气体扩散系数存在如下近似关系:

$$\delta_1/\delta_2 = (D_1/D_2)^{0.5} \tag{3.83}$$

整理可得

$$P_{O_2}^\infty = (0.5x + y)\left[y^{x+3y}(x + y)^{x+y}\right]^{-\frac{1}{2x+4y}}\left[\frac{D_{ZrO}^{0.5(x+3y)}D_{CO}^{0.5(x+y)}}{D_{O_2}^{x+2y}}\frac{K_1}{K_3^{x+2y}}\right]^{\frac{1}{2x+4y}} \tag{3.84}$$

采用式(3.84)可以实现对不同压力、温度状态下 C/C - ZrC 材料表面是否可能形成 ZrO_2 氧化膜进行判断,形成氧化膜的最小氧分压条件计算结果见表 3.3。

表 3.3　C/C - ZrC 材料表面形成氧化膜所需的最小氧分压条件(单位: Pa)

ZrC 质量分数	2 000 K	2 200 K	2 400 K	2 600 K	2 800 K	3 000 K
10%	11.1	176.3	1 760.0	1.2×10^4	6.5×10^4	2.7×10^5
20%	5.6	91.3	925.4	6.5×10^3	3.5×10^4	1.5×10^5
30%	3.5	58.3	600.9	4.3×10^3	2.3×10^4	9.9×10^4
100%(纯 ZrC)	8.4×10^{-3}	0.2	3.3	32.4	229.9	1.3×10^3

在不同温度条件下,材料表面形成氧化膜的最低氧分压计算结果如图 3.13 所示。

由前面的氧化膜形成机理可以判断,临界压力值对应的是材料表面直接生成 ZrO_2 氧化层的状态,当来流压力小于临界压力时,材料表面会直接生成 ZrO 气体,并向边界层外缘扩散,但在扩散过程中,随着氧气浓度的增高,ZrO 气体会进一步氧化为 ZrO_2 粉尘并沉积至材料表面,使得材料表面出现固态氧化膜。从前期的试验结果也可以看出,这种影响确实存在,即在某些低压环境下,材料表面仍有明显的氧化物出现。因此,采用表 3.3 提供的来流压力数据和试验测得的最高温度进行材料防热性能进行评估是偏保守的。

3.2.3　多组元多机制碳基材料的烧蚀机理与模拟方法

在已有的试验研究中发现,抗氧化碳/碳材料表面氧化膜在高压状态下无法

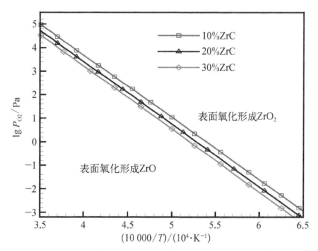

图 3.13   材料表面形成氧化膜的最低氧分压计算结果

存留,即存在高压剥蚀现象。为了分析氧化膜的这种剥蚀行为,首先要明确其剥

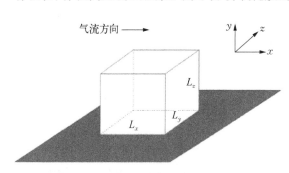

图 3.14   抗氧化碳/碳材料多孔氧化膜
剥蚀分析立方体模型

蚀机理。针对抗氧化碳/碳材料表面多孔氧化膜的形貌特征,尝试采用立方体模型探索材料表面氧化膜的剥蚀机理,为材料表面氧化膜剥蚀行为和剥蚀规律的计算分析提供一种手段。如图 3.14 所示,假设氧化膜颗粒完全暴露在氧化膜表面,模型尺寸分别为 L_x、L_y 和 L_z。

如图 3.15 所示,在流场力的作用下,颗粒底部会产生一个反向力和反向力

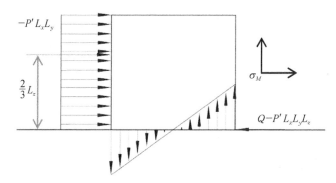

图 3.15   氧化膜颗粒受力分析

矩。由于作用于颗粒表面和 XY 方向两个侧面的气体压力相对于颗粒中心点完全对称,不产生力矩,所以在力矩分析时可将其忽略。

其中,颗粒两侧压差(压力梯度引起)可看作作用于氧化膜左侧的均布力,力的大小为 $P'L_xL_y$;由于剪切力在颗粒表面的分布很不确定,参考相关文献的方法可以将其等效为作用于颗粒 2/3 高度处的一个集中力,力的大小为 Q;位于颗粒底部由于两侧压差和剪切力引起的平行相反作用力大小为 $Q-P'L_xL_yL_z$;位于颗粒底部由于外力作用产生的法向拉压应力大小设为 σ_m(忽略气体压力 P)。

整理可求得由于气流作用在氧化膜颗粒底部产生的最大拉压应力如下。

最大拉应力:

$$(\sigma_M)_t = \frac{L_z}{L_x}(2c_f\rho_e u_e^2 - 3P'L_z) - P \qquad (3.85)$$

最大压应力:

$$(\sigma_M)_c = \frac{L_z}{L_x}(2c_f\rho_e u_e^2 - 3P'L_z) + P \qquad (3.86)$$

通过式(3.85)和式(3.86),可对不同来流参数条件下,以及不同尺寸颗粒的抗剥蚀性能进行比较分析,在获得材料表面氧化膜底部连接强度参数的条件下,可对一定来流条件下氧化膜是否发生剥蚀进行判断。

采用氧化膜颗粒底部所受最大拉应力计算公式对氧化膜剥蚀影响因素进行计算分析,外形尺寸 L_z、L_x 的计算结果见图 3.16。

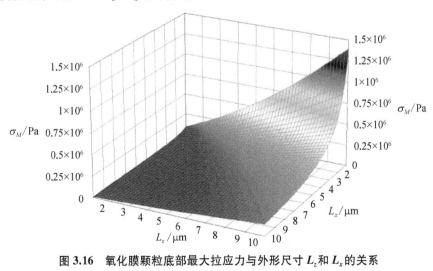

图 3.16 氧化膜颗粒底部最大拉应力与外形尺寸 L_z 和 L_x 的关系

剪切力和气流压力的计算结果见图 3.17。

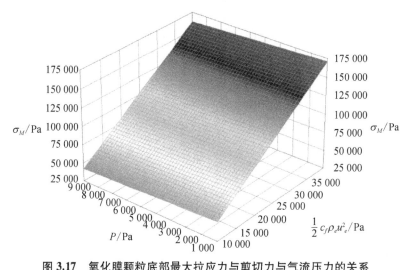

图 3.17   氧化膜颗粒底部最大拉应力与剪切力与气流压力的关系

压力梯度和气流压力的计算结果见图 3.18。

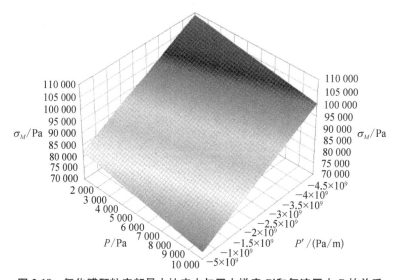

图 3.18   氧化膜颗粒底部最大拉应力与压力梯度 P' 和气流压力 P 的关系

但需要指出的是,采用该模型能够分析材料表面氧化膜的剥蚀过程,但如何获取材料在高温状态下的相关强度性能参数,是准确评价材料表面氧化留存性能的关键。

在高温加热条件下,含锆类碳基防热材料通常会在表面形成一层疏松的

ZrO_2氧化层,氧化层的存在能够一定程度上阻滞基体材料与材料表面氧气的直接接触,从而起到一定的抗氧化效果,但 ZrO_2氧化层的力学强度一般较弱,很容易发生剥蚀或脱落。因此,若在表面压力或温度均不太高的情况下,该氧化层的完整存留会使得材料具有较好的微烧蚀特性,但来流状态一旦足够高(由压力、温度、剪切力等参数综合判断),材料也会发生剧烈的烧蚀。

抗氧化碳/碳材料表面氧化特性主要受材料主、被动氧化特性,氧化动力学特性,氧化膜剥蚀失效特性,氧化物高温熔融失效特性决定。因此,根据压力、温度环境以及目前对抗氧化碳/碳材料氧化特性的认识,可以将氧化类型分为以下几类,如图 3.19 所示,图中同时给出了基体在各个氧化状态下的特征氧化速率(量级)。

如图 3.19 所示,包括 4 条分界线,将材料表面的氧化状态分为 5 个状态,如表 3.4 所示。

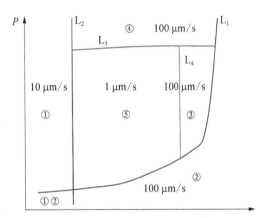

图 3.19　抗氧化碳/碳材料表面氧化类型示意图
L_1: 主、被动转换线;L_2: 低温动力学分界线;
L_3: 剥蚀失效分界线;L_4: 熔融失效分界线;
① 低温动力学无膜状态;② 主动氧化无膜状态;③ 熔融失效无膜状态;④ 剥蚀失效无膜状态;⑤ 膜完整存留状态

表 3.4　抗氧化碳/碳材料在不同压力、温度条件下的氧化类型及物理含义

氧化特性分界线	L_1: 主、被动转换线	材料表面氧化产物类型(ZrO/ZrO_2)发生改变的转换条件
	L_2: 低温动力学分界线	氧化物快速生成并停留于材料表面的临界温度
	L_3: 剥蚀失效分界线	氧化膜整体快速剥蚀失效的压力(梯度)、剪切力等参数条件
	L_4: 熔融失效分界线	材料表面氧化物的熔融失效温度
氧化类型分类	① 低温动力学无膜状态	材料表面温度过低,无法快速形成氧化物/膜的状态
	② 主动氧化无膜状态	材料表面氧分压过低或温度过高致使氧化生成气体氧化物的状态
	③ 熔融失效无膜状态	材料表面温度过高致使氧化层熔融失效的状态
	④ 剥蚀失效无膜状态	材料表面气流参数达到氧化膜失效条件,致使其快速剥离的状态
	⑤ 膜完整存留状态	材料表面氧化膜迅速生成并持续完整存留的状态

根据课题给出的分界线定义及计算方法,结合材料在不同氧化阶段的氧化特性模拟分析,可以实现对材料综合防热性能的预测和计算分析。

具体来说,对于 L_1——主被动转换线,采用前面所述的氧化转换机制计算方法进行计算;对于 L_2——低温动力学分界线,暂取类似于碳/碳材料动力学控制转变温度为 1 700 K 作为其判断条件;对于 L_3——剥蚀失效分界线,采用前面所述的剥蚀判断关系式进行计算;对于 L_4——熔融失效分界线,暂取 3 000 K(材料表面氧化物熔点)作为熔融失效的判定条件。

图 3.20 为 C/C - ZrC 材料氧化烧蚀性能基本计算流程,针对材料的综合防热性能进行计算,首先通过结构传热计算获得材料表面的热响应,获得当前时刻表面温度,并结合来流参数对当前条件下的材料氧化机制进行判断,并针对材料表面已发生和未发生氧化两种情况,分别考虑"低温氧化膜""主动氧化""氧化膜演变、剥蚀"及"氧化膜熔融"等客观物理过程,并分别采用相应的计算方法进

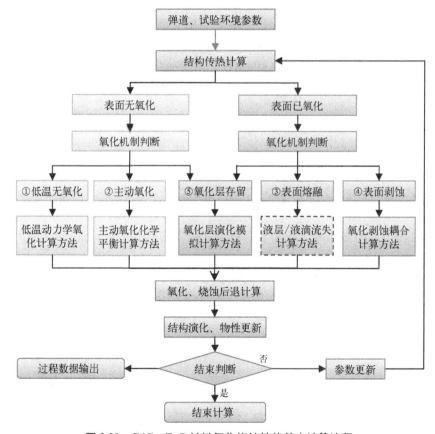

图 3.20 C/C - ZrC 材料氧化烧蚀性能基本计算流程

行计算;然后根据氧化烧蚀特性计算结果对材料进行氧化烧蚀后退处理,并同步更新相应的氧化层结构演化和物性参数;最后进入下一时间步的计算,直至计算至试验或弹道的最后时刻。

采用计算程序,针对材料在电弧风洞试验中获得的试验结果,对抗氧化碳/碳材料防热性能综合计算方法进行了验证计算,见表 3.5。表 3.5 中,P_e 为驻点压力,q_{or} 为冷壁热流,h_r 为恢复焓,t 为加热时间,Δls 为模型表面烧蚀后退量,Δlm 为模型基体材料烧蚀后退量,oxi 为氧化层厚度。计算输入参数为来流压力、热流、焓等流场参数,采用一维动边界传热计算程序结合材料氧化特性计算模块对材料综合防热特性进行近似计算。

表 3.5　抗氧化碳/碳材料防热性能综合计算结果与地面试验结果验证对比

序号	P_e/ kPa	q_{or}/ (MW/m^2)	h_r/ (MJ/kg)	t/s	温度/K		$(\Delta ls、\Delta lm)$/mm	
					实验值	计算值	实验值	计算值
1	40.3	6.1	18.5	600	2 833	2 961	3.5、5.8	3.5、3.8
2	62.9	6.1	18.5	600	2 863	2 924	7.5、12.5	7.5、7.7
3	15.0	5.0	20.0	600	2 638	2 867	—、2.7	1.1、1.9
4	40.0	5.0	12.5	600	2 896	2 771	1.6、3.6	1.8、2.4
5	24.0	2.0	6.8	600	2 423	2 107	0.3、2.0	1.2、2.3
6	15.4	4.3	11.5	200	2 693	2 654	0.3、0.9	0.4、1.1
7	10.5	2.0	6.6	100	2 473	1 995	0.2(oxi)	0.3(oxi)
8	15.6	1.2	3.4	100	2 323	1 404	0.46、0.46	0.14、0.14
9	11.0	3.2	11.5	100	2 563	2 446	0.73、0.73	0.33、0.77
10	7.0	2.6	11.7	100	2 413	2 319	0.73、0.73	0.33、0.73
11	230	4.5	3.5	50	1 973	1 937	1.93、1.93	2.83、2.83
12	230	4.5	3.5	100	2 323	2 048	4.84、4.84	6.56、6.56

各试验状态下的材料基体后退量(Δlm)计算值与试验值的比较见图 3.21。

从图 3.21 可以看出,在温度和后退量方面,对于球头模型,计算得到的材料表面温度与试验测试温度的偏差普遍在 200 K 以内(个别模型除外);计算得到的表面后退量与试验测试数据相当;而计算得到的基体后退量一般偏小。对于平头圆柱模型,计算得到的材料表面温度与试验测试温度也比较接近;计算得到的表面后退量及基体后退量与试验数据的规律相符,但在数值上还存在一些差异。

总体上来看,目前的计算模型在计算材料表面温度、表面及基体后退量时已经能够体现压力、温度及焓值等来流状态参数的影响规律。作者认为,若再考虑

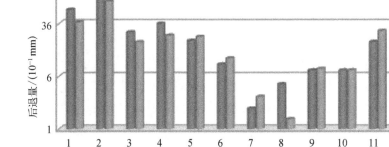

图 3.21　材料基体后退量计算值与试验值比较(修正后)

到计算方法与试验环境本身的偏差、高温下的表面温度测试误差,以及小尺寸/表面不平整/氧化膜疏松脱落情况下的长度测量误差的影响,目前的材料防热性能综合计算方法已能体现材料的真实氧化烧蚀特性。

在氧化膜存留情况方面,除了模型 9 和模型 10,计算得到的氧化膜存留情况均与试验数据符合较好,并且对低热流状态条件下的模型 8 和高压状态下的模型 11、模型 12 表面未出现氧化膜存留的情况实现了较好的模拟。而对于模型 9 和模型 10,从图 3.21 可以看出,由于计算得到的表面氧化膜厚度为 0.33 mm(试验后未发现完整膜),基体后退量为 0.73~0.77 mm(试验值为 0.73 mm),氧化膜厚度本身较小,而材料氧化膜在低温下又属于疏松易脱落的结构,在模型冷却、拆装或测量过程中极易脱落,这可能是在试验后的模型中未发现完整氧化膜存留的原因。

3.3　碳化热解复合材料烧蚀机理及预测方法

相对于纯碳基防热材料,碳化热解复合材料除了可以借助高温下化学反应和升华相变等原理消耗大量热量外,热解、碳化及碳层氧化生成的气态产物可以喷射到边界层内,产生热阻塞效应,进一步削弱高焓气流加热作用,其防热作用过程可简略描述如下:在高焓气体边界层作用下,材料表面区域温度在很短的时间内即可达到临界热解温度,树脂基体损失部分质量,释放出的气体产物溢出并引射至边界层内。随着加热作用的持续,材料持续热解,残余的固体与纤维形成多孔的完全碳化层。碳化后的材料相比原始材料密度降低,在高焓气体不断的化学侵蚀和流动作用下,碳层组分开始出现氧化、氮化甚至升华或机械剥蚀,宏观表现为碳层出现表面烧蚀后退。

3.3.1　碳化热解复合材料烧蚀基本假设与模拟方法

美国 NASA‑JSC 发展的烧蚀材料模型 AESOP‑STAB 较为典型地描述了高焓高速气流作用下碳化热解复合材料的烧蚀响应及气体边界层内的能量平衡关系,图 3.22 给出了整体示意图[15]。将碳化复合材料受热后的物理构成划分,最外层为烧蚀层,其厚度为材料的烧蚀后退距离;第二层为碳化层,由材料热解后的残余固态组分和纤维骨架构成多孔材料,热解气体在其中流动;第三层为热解层,此层内的树脂材料发生裂解,释放热解气体;最内层为原始材料层。

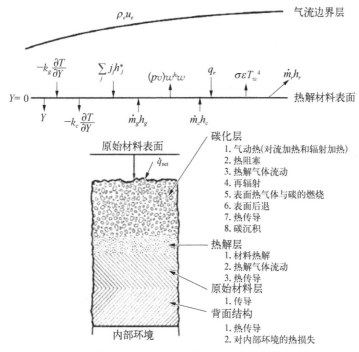

图 3.22　碳化热解复合材料受热后的基本组成及防热机理示意图

从防热机理分析,各层的能量注入与耗散可概括为:烧蚀层受到气动加热环境(包括对流加热与高温气体辐射加热等)作用,热解气体及烧蚀产物注入边界层内对对流加热产生阻塞作用,材料表面向环境产生热辐射作用,以及热解气体与碳化层表面组分与来流产生化学反应热。碳化层的主要热效应包括流经碳化层区域热解气体的两相传热,热解气体的二次裂解吸热、碳化层材料自身的热容吸热及向热解层的热传导等。热解层的热作用则主要有树脂基体的热解反应吸热,流经热解区域的热解气体的两相传热、热解层材料自身的热容吸热及向原始材料的热传导等。原始材料层主要有本体材料的热容吸热以及热传导作用(原始材料壁面存在热汇,即存在非绝热条件)。

基于上述物理机理,形成了经典的碳化热解复合材料的热解层计算模型,美国[1,16,17]、中国[2]和日本[18]等国家均形成了相应的计算程序,影响较大的有CMA[16]、CAT[17]和FIAT[1]等。

1. 表面能量平衡边界条件

烧蚀表面(碳化层外表面)的能量平衡方程可以表达为

$$q_{net} = \psi q_{conv}(1 - h_w/h_r) + \alpha q_{rad} - \varepsilon \sigma T_w^4 + \dot{m}_c \Delta H_c \tag{3.87}$$

式中,q_{net} 为进入碳化层的净热流;q_{conv} 为对流热流;q_{rad} 为辐射热流;ψ 为质量引射因子(气态产物对对流加热的热阻塞作用屏蔽因子);α 为碳化层材料对辐射热的吸收系数;h_w 为表面的壁面焓值;h_r 为来流的恢复焓;ε 为表面发射率;σ 为Stefan-Boltzman(斯特藩·玻尔兹曼)常数;$\dot{m}_c$ 为烧蚀速率;ΔH_c 为烧蚀热焓;T_w 为表面温度。

2. 表面烧蚀后退计算方法

在极端加热环境下,碳化层表面的氧化烧蚀反应主要受输运至材料的表面来流质量流率控制,传统的热化学方法可以较为准确地描述材料的烧蚀后退行为,基于此类方法形成的计算程序有著名的 ACE[18] 和 MAT[19] 等。此时,碳化层的烧蚀速率 $\dot{m}_c$ 可以表示为

$$\dot{m}_c = \frac{B}{\rho_e u_e C_M} \tag{3.88}$$

式中,B 为无因次质量烧蚀速率;ρ_e 为来流密度;u_e 为来流速度;C_M 为质量交换系数。

利用传热传质之间的相似性关系,可以建立来流扩散质量流率与来流恢复焓和热流之间的关联关系:

$$\rho_e u_e C_M = \frac{q_{conv}}{h_r} \tag{3.89}$$

当来流状态较低时(气体总焓较低、质量流率较小),碳化层的烧蚀速率主要受材料碳层与来流反应速率控制,一般采用反应动力学方程来描述。以 1/2 阶氧化烧蚀质量损失为例,$\dot{m}_c$ 可以表示为

$$\dot{m}_c = A\exp\left(-\frac{B}{RT_w}\right)(c_w p_w)^{1/2} \tag{3.90}$$

式中，A 为指前因子；p_w 为壁面总压；c_w 为壁面氧气质量浓度。

3. 碳化热解计算方法

碳化热解防热材料热响应预测的准确性很大程度上取决于对其内部树脂热解动力学过程描述的准确性。在热解动力学模型方面，目前已有大量学者开展过相关研究，但由于研究对象和测试方法的差异，得到的动力学模型也存在一定差别。其中，较为经典的模型认为树脂的热解过程可以看作由几个主要反应组成，每个反应并不代表一个化学元素间的反应，而是一系列相对复杂的反应集合，这几个反应集合在温度上是彼此交叉重叠的。Sykes 给出的酚醛树脂主要热解产物构成如图 3.23 所示[20]。

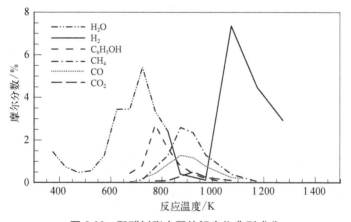

图 3.23　酚醛树脂主要热解产物典型成分

因此，根据不同的树脂热解产物及热解过程的特征，可以建立相应的热解动力学模型，给出在不同温度、分解率条件下的分解率变化率或热解气体的质量流率。文献[20]给出了基于热重分析和微商热重分析试验测试获得的酚醛树脂的动力学分解模型：

$$\frac{d\alpha}{dt} = \sum_i w_i A_i \exp\left(-\frac{E_i}{RT}\right)(1-\alpha_i)^{n_i} \tag{3.91}$$

式中，α 为原始材料的热解转化率，从 0% 到 100% 变化。

$$\alpha = \frac{\rho_m - \rho_p}{\rho_m - \rho_c} \tag{3.92}$$

式中,ρ_m、ρ_p、ρ_c分别为原始材料、热解层(当前)、碳化层的密度。

4. 能量控制方程与界面边界条件

一维情况下,考虑各项热效应的能量控制方程可以描述为

$$\rho_s C_p^s \frac{\partial T_s}{\partial t} + \rho_g C_p^g \frac{\partial T_g}{\partial t} = \frac{\partial}{\partial x}\left(k_s \frac{\partial T_s}{\partial x}\right) + \dot{m}_g C_p^g \frac{\partial T_g}{\partial x} + \dot{R}_g h_{\text{pyr}}(T_s) \tag{3.93}$$

式中,ρ_s和ρ_g分别为固体及热解气体的密度;k_s为固体热导率;C_p^s和C_p^g分别为固体及热解气体的比热容;T_s和T_g分别为固体及热解气体的温度;$\dot{R}_g$为热解气体质量流率;h_{pyr}为热解反应焓;t为时间。

式(3.93)为碳化层、热解层与原始材料层的统一方程。实际使用过程中,如果假设气体与固体瞬态热平衡,热解率由热解动力学关系式确定,热解区和原始材料界面由考虑热解的起始温度确定,则碳化层、热解层和完全碳化层可合并为同一个区域进行考虑,不同位置的热物性参数可以采用热解率关联式区分。

热解引起的材料热物理性能参数变化可用热解转化率表征,密度和比热容采用线性插值方法计算即可:

$$C_p^{\text{pyr}} = C_p^{\text{virg}} + \alpha(C_p^{\text{char}} + C_p^{\text{virg}}) \tag{3.94}$$

$$\rho_p^{\text{pyr}} = \rho_p^{\text{virg}} + \alpha(\rho_p^{\text{char}} + \rho_p^{\text{virg}}) \tag{3.95}$$

式中,C_p为比定压热容;ρ为密度;上标 pyr 表示热解;virg 表示原始;char 表示碳化。

而对于等效热导率,可采用修正的线性插值方法进行估算:

$$k_{\text{pyr}} = k_{\text{virg}} + \alpha(k_{\text{char}} - k_{\text{virg}})[1 - 4\alpha(1 - \alpha)(1 - C_\alpha)] \tag{3.96}$$

式中,C_α为由试验数据反推的经验修正系数,其取值一般为 0.6~1.0。

如果按照传统的碳化层、热解层和原始材料层对计算模型分区,可以对各区的控制方程与边界条件进行重新定义,其中碳化层为

$$\rho_c C_p^c \frac{\partial T_c}{\partial t} = \frac{\partial}{\partial x}\left(k_c \frac{\partial T_c}{\partial x}\right) + \dot{m}_g C_p^g \frac{\partial T_c}{\partial x} \quad (x_0 \leqslant x \leqslant x_1) \tag{3.97}$$

式中,x_0为碳化层上表面;x_1为碳化层下表面。

边界条件为

$$x = x_0, \quad -k_c \frac{\partial T_c}{\partial x} = q_{\text{net}}$$

$$x = x_1, \quad T_c = T_c^{\text{finish}} \tag{3.98}$$

热解层控制方程为

$$\rho_p C_p^p \frac{\partial T_p}{\partial t} = \frac{\partial}{\partial x}\left(k_p \frac{\partial T_p}{\partial x}\right) + \dot{m}_g C_p^g \frac{\partial T_p}{\partial x} + \dot{R}_g h_{\text{pyr}} \quad (x_1 \leqslant x \leqslant x_2)$$

$$\dot{R}_g = \frac{\partial \rho_p}{\partial t} \tag{3.99}$$

边界条件为

$$x = x_1, \quad T_p = T_c^{\text{finish}}$$

$$x = x_x, \quad T_p = T_c^{\text{initial}} \tag{3.100}$$

原始材料层控制方程为

$$\rho_v C_p^v \frac{\partial T_v}{\partial t} = \frac{\partial}{\partial x}\left(k_v \frac{\partial T_v}{\partial x}\right) \quad (x_2 \leqslant x \leqslant x_\infty) \tag{3.101}$$

边界条件为

$$x = x_2, \quad T_v = T_c^{\text{initial}}$$

$$x = x_\infty, \quad -k_v \frac{\partial T_v}{\partial x} = 0 \tag{3.102}$$

上述处理方法还可以根据实际情况简化,形成热解面和简化模型,详细的处理方法可参考文献[2]。

从碳化热解复合材料烧蚀传热计算模型的发展趋势来看,能够综合考虑表面烧蚀、内部导热、热分解以及热解气体流动与化学反应等多方面因素的烧蚀分解热响应过程,同时具备三维烧蚀传热分析计算受到了越来越多的关注。Lachaud 等较为详细地统计了目前公开报道的相关程序及其功能,按照置信度、物理模型覆盖性、可靠性和多维分析能力对各程序进行了分级[21]。

3.3.2　多组元碳化类材料的烧蚀算法改进

对于烧蚀表面同时存在多种组元的情况,可能会有较为复杂的烧蚀质量特性变化机理。以新型耐烧蚀防热材料为例,碳化层可能由含量相当的碳和二氧化硅等共同组成,单一碳的氧化烧蚀与二氧化硅的熔融流失模型均难以对材料的表面后退行为进行较为准确的描述。对于烧蚀表面区域,考虑到两者共同占据材料烧蚀表面,可以近似认为碳的氧化烧蚀符合纯碳基材料的烧蚀规律,而二氧化硅的蒸发流失规律也与纯二氧化硅材料相符,即可采用碳基材料和硅基材料的烧蚀计算方法分别对碳-硅基材料烧蚀面的烧蚀速率进行计算。

此外,由于碳的氧化产生的一氧化碳、原始材料热解产生的热解气体以及二氧化硅蒸发产生的二氧化硅蒸汽三者共同作用于烧蚀表面,同时对烧蚀表面的热环境产生影响,因此在计算引射气体对来流热环境的影响时,需共同考虑这三部分的影响,即采用平均引射气体质量流率来计算质量引射因子:

$$\dot{m}_{gas} = f_{SiO_2}\dot{m}_{SiO_2} + f_c\dot{m}_{CO} + \dot{m}_p \tag{3.103}$$

$$\psi = f(\dot{m}_{gas}, q_{or}, T_w, H_r) \tag{3.104}$$

式中,$\dot{m}_{gas}$、$\dot{m}_{SiO_2}$、$\dot{m}_{CO}$、$\dot{m}_p$ 分别为烧蚀表面平均引射气体的质量流率、二氧化硅蒸汽的质量流率、一氧化碳的质量流率及热解气体的质量流率,单位为 $kg/(m^2 \cdot s)$;f_{SiO_2}、f_c 分别为烧蚀表面二氧化硅和碳的体积分数。

认为只有当烧蚀表面温度达到二氧化硅熔点时,二氧化硅才会蒸发和流失,即在计算中当表面温度达到某一个界限值时,才在计算中调用硅的流失算法。同时,采用烧蚀表面二氧化硅和碳的体积分数来加权计算材料的整体烧蚀速率:

$$\dot{m}_{ab} = f_{SiO_2}\dot{m}_{SiO_2} + f_c\dot{m}_{CO} \tag{3.105}$$

$$v_{ab} = \dot{m}_{ab}/\rho_m = \frac{1}{\rho_m}(f_{SiO_2}\dot{m}_{SiO_2} + f_c\dot{m}_{CO}) \tag{3.106}$$

式中,ρ_m 为热解材料碳化层平均密度,单位为 kg/m^3。

以试制的由硅橡胶、酚醛树脂、石英纤维和碳纤维构成的烧蚀复合材料为例,在电弧风洞地面试验中发现,该类材料会在材料表面形成完整碳化层和零星分布,但未形成连续流动的二氧化硅液态产物,现有的硅基材料流失模型与碳化热解材料烧蚀模型均不能很好地预测和复现材料的烧蚀行为。根据不同组分材料的当量元素组成及其热解碳化后的变化情况,依据上述当量碳硅复合算法对该类材料的碳层烧蚀模型进行了修正,修正后模型的无因次烧蚀计算与电弧风洞地面实测结构对比如图 3.24 所示,该修正算法能够较好地描述碳化层中碳、硅元素构成相当,烧蚀机理介于两者之间的新型碳硅复合防热材料。碳硅复合防热材料的温度响应计算与试验结果对比见图 3.25,其中虚线为通过材料烧蚀改进算法得到的热解层模型计算结果,理论计算得到的最高温度和温升曲线变化历程均与试验测试曲线符合较好。

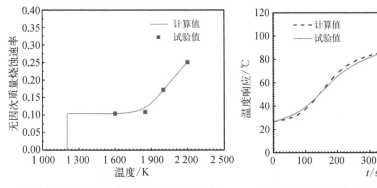

图 3.24　碳硅复合防热材料无因次烧蚀计算与试验结果对比

图 3.25　碳硅复合防热材料的温度响应计算与试验结果对比

3.3.3　低密度碳化材料的"体烧蚀"现象与模拟

轻质烧蚀材料的密度一般低于 1.0 g/cm³,其典型代表为 NASAAmes 研究中心热防护系统与材料部门开发的酚醛浸渍碳烧蚀体[22](phenolic impregnated carbon ablator, PICA)和硅树脂浸渍可重复使用陶瓷烧蚀体[23](silicone impregnated reusable ceramic ablator, SIRCA)。

从微结构组成来看,轻质烧蚀材料多由短切纤维骨架、树脂基体和孔隙组成,多数兼具耐烧蚀和隔热性能。在树脂中引入陶瓷颗粒或陶瓷聚合物先驱体,并利用成型工艺控制形成纳米到微米尺度的多层级孔隙[24]。在以氧化动力学为主要控制因素的氧化烧蚀阶段,由于表面氧化组分未被表层碳化材料完全消耗,部分残余氧化组分会沿着碳层控制扩散至内部,且沿扩散通路与高温孔隙壁面材料持续反应,直至氧化组分耗尽。此时,宏观表现为在沿碳层表层一定厚度范围内的材料均发生氧化损失,材料从表面后退的面烧蚀转变为表层梯度疏松的体烧蚀质量损失模式,体烧蚀问题对不同的材料、不同的服役环境表现为不同程度的存在。对碳/碳材料的研究表明,一定条件下高温体积膨胀会使材料内部结构缺陷扩展并使表层石墨化,导致材料表层结构相对疏松。由于体烧蚀引起的表层细观尺度孔隙演化和宏观密度变化,会带来多组分气体跨尺度流动问题,这些问题的存在使得传统基于面烧蚀假设的模拟方法可能出现大的预测偏差。Kontinos 等[25]针对小行星探测返回器"星尘号"再入返回测试中出现的防热层密度下降超出理论预期问题,分析得出体烧蚀效应是产生此类现象的主要原因。PICA 材料防热结构经再入加热后的结构变化见图 3.26,由图可见,材料由碳化层至原始材料层呈梯度变化,无明显的区域分层界面。

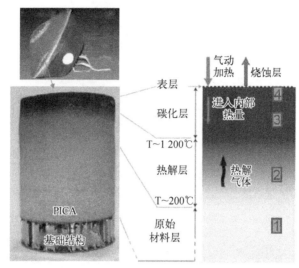

图 3.26　PICA 材料防热结构经再入加热后的结构变化[25]

以短切碳纤维毡为研究对象,Lachaud 等[26]基于短切碳纤维预制体的氧化实验,利用试验测量、扫描电子显微镜观察和孔隙尺度数值仿真等手段,进行了从微观到宏观尺度的多尺度建模,得到具有体烧蚀的微结构显微图片,如图 3.27所示。

图 3.27　短切碳纤维毡经氧化烧蚀后的表层体烧蚀微结构显微图片

关于活性反应气体在碳层材料内部的扩散-氧化反应消耗及其与热解气体产物的反应,Dickey 等[27]很早就进行了研究,利用地面试验结果,通过热解气体与来流之间的化学反应的基本模型所建立的工程计算方法,讨论了氧在碳层内部扩散对材料烧蚀速率的影响。在对短切纤维预置体进行氧化研究的基础上,Lachaud 等[28]建立了微观尺度氧气孔隙扩散及碳组元的体积氧化模型,利用平均化方法关联材料的宏观烧蚀传热,获得了 PICA 材料碳纤维骨架的氧化烧蚀多尺度模型,PICA 材料的体烧蚀微结构演化模拟过程如图 3.28 所示。

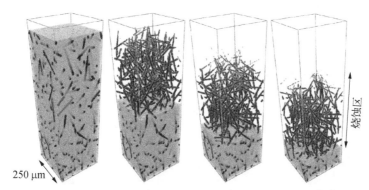

图 3.28　PICA 材料体烧蚀微结构演化模拟过程示意图[28]

　　受限于现有的运载能力与不断提升的有效载荷需求,航天飞行器热防护结构工程设计人员对结构防热效率与低密度化的要求日益苛刻。这一要求促使高温气体动力学研究人员基于高焓来流与防热材料作用机理进行探索并提出新的烧蚀防热解决方案,同时激励材料学研究人员通过材料设计和微结构控制手段实现防热新材料研制。可以说,新型低密度碳化材料的出现,正是航天器工程需求的提升与高温气动动力学、材料学基础研究发展相互促进的结果。

　　随着不同任务剖面航天飞行器的多元化发展,传统面向短时再入烧蚀发展的经典烧蚀算法也迎来了挑战。由于航天飞行器的控制策略和特征时间点任务定位等关键工程设计的精度要求,新的烧蚀传热响应模型不仅要能实现对最终状态的准确预测,如整体烧蚀后退量和最高温升等,还要满足防热材料在热环境作用下的历程响应的高精度要求,如飞行器动态表面后退、整体质量损失和温升曲线等。以体烧蚀机理分析与建模为代表的烧蚀热响应理论客观上还处于较为初级的阶段,与经典的碳基、硅基和碳化热解烧蚀传热模型相比,其发展水平与工程预测可靠性尚待提高,但能够准确刻画复杂组分与微结构动态演化的精细化烧蚀模型是热防护研究人员不得不面对的挑战,也是带动相关交叉学科基础研究发展的重要机遇。

参考文献

[1] Chen Y K, Milos F S. Ablation and thermal analysis program for spacecraft heatshield analysis[J]. Journal of Spacecraft and Rockets, 1999, 36(3): 475 – 483.

[2] 姜贵庆,刘连元.高速气流传热与烧蚀热防护[M].北京:国防工业出版社,2003.

[3] Adams M C. Recent advance in ablation[J]. ARS Journal, 1959, 29(9): 621 – 625.

[4] Reshotko E, Cohen C B. Heat transfer at the forward stagnation point of blunt bodies[R]. Cleveland: NACA TR 3513, 1955.

[5] Bethe H A, Adams M C. A theory for the ablation of glassy materials[J]. ARS Journal, 1959, 26(6): 321 – 328.

[6] Zien T F. Heat transfer in the melt layer of a simple ablation model[J]. Journal of Thermophysics and Heat Transfer, 1999, 13(4): 450 – 459.

[7] Wei C Y, Zien T F. Integral calculations of melt-layer heat transfer in aerodynamic ablation [C]. AIAA, Aerospace Sciences Meeting and Exhibit, Reno, 2000.

[8] 俞继军,姜贵庆,李仲平.高粘度硅基材料烧蚀传热机理及试验验证[J].空气动力学学报,2008,26(4): 462 – 465.

[9] 姜贵庆,李仲平,俞继军.硅基复合材料粘性系数的参数辨识[J].空气动力学学报,2008,26(4): 452 – 455.

[10] Ostrach S, Goldstein A W, Hamman J. Analysis of melting boundary layers on decelerating bodies[R]. Cleveland: NASA TN D1312, 1962.

[11] Yu J J, Luo X G, Deng D Y, et al. Modeling the heat transfer and mass loss of Si_3N_4/SiO_2 composite in arc-jet tunnel environments[C]. 21st AIAA International Space Planes and Hypersonics Technologies Conference, Xiamen, 2017.

[12] 蔡金狮.动力学系统辨识与建模[M].北京:国防工业出版社,1991.

[13] 任斌,蔡金狮.用灵敏度法对分布参数系统的参数辨识[J].空气动力学学报,1994,12(4): 455 – 459.

[14] 姜贵庆,马淑雅.防热涂层材料热防护性能预测[J].空气动力学学报,2004,22(1): 24 – 28.

[15] Curry D M, Tillian D J. Apollo thermal protection system revisited[C]. 2006 National Space & Missile Materials Symposium, Orlando, 2006.

[16] Frank S M, Marschall J. Thermochemical ablation model for TPS materials with multiple surface constituents[C]. 6th AIAA/ASME Joint Thermophysics and Heat Transfer Conference, Colorado Springs, 1994.

[17] Mansour N N, Lachaud J, Magin T E, et al. High-fidelity charring ablator thermal response model[C]. 42nd AIAA Thermophysics Conference, Honolulu, 2011.

[18] Ahn H K, Park C, Sawada K. Response of heatshield material at stagnation point of pioneervenusprobes[J]. Journal of Thermophysics and HeatTransfer, 2002, 16(3): 432 – 439.

[19] Milos F S, Chen Y K. Comprehensive model for multicomponent ablation thermochemistry [R]. Reno: AIAA, 1997.

[20] Jr Sykes F G. Decomposition characteristics of a char-forming phenolic polymer used for

ablative composites[R]. Hampton: NASA, 1967.

[21] Lachaud J, Magin T E, Cozmuta I, et al. A short review of ablative-material response models and simulation tools[C]. 7th Aerothermodynamics Symposium, Brugge, 2011.

[22] Parmenter K E, Shuman K, Milstein F, et al. Compressive response of lightweight ceramic ablators: silicone impregnated reusable ceramic ablator[J]. Journal of Spacecraft & Rockets, 2015, 39(2): 290 - 298.

[23] Tran H, Johnson C, Rasky D, et al. Silicone impregnated reusable ceramic ablators for Mars follow-on missions[C]. Thermophysics Conference, New Orleans, 2006.

[24] Cheng H, Xue H, Hong C, et al. Preparation, mechanical, thermal and ablative properties of lightweight needled carbon fibre felt/phenolic resin aerogel composite with a bird's nest structure[J]. Composites Science & Technology, 2017, 140: 63 - 72.

[25] Kontinos D, Stackpoole M. Post-flight analysis of the stardust sample return capsule earth entry[C]. 46th AIAA Aerospace Sciences Meeting and Exhibit, Reno, 2008.

[26] Lachaud J, Mansour N N. Validation of a volume-averaged fiber-scale model for the oxidation of a carbon-fiber preform[C]. 42nd AIAA Thermophysics Conference, Honolulu, 2011.

[27] Dickey R R, Lundell J H, Wakefield R M. Effects of pyrolysis-gas chemical reactions on surface recession of charring ablators[J]. Journal of Spacecraft, 1969, 6(2): 123 - 125.

[28] Lachaud J, Cozmuta I, Mansour N N, et al. Multiscale approach to ablation modeling of phenolic impregnated carbon ablators[J]. Journal of Spacecraft & Rockets, 2010, 47(6): 910 - 921.

第4章

辐射式热防护理论及预测方法

辐射式热防护是航天器三种主要热防护技术之一,具有外形不变、可重复使用等特点,得到了广泛研究和应用,如 X-33、X-43 系列飞行器的热防护系统等,其中具有代表性的有 ARMOR 金属热防护系统[1]。如图 4.1 所示,辐射式热防护系统主要由四层部件组成:第一层为蒙皮表面的辐射涂层,用于增强辐射散热,以减少进入机体内部的热量;第二层为外防护蒙皮,用于承受气动、热力载荷;第三层为隔热材料,用于阻止来自外蒙皮的热量对机身的侵入;第四层为基座,与机体连接,同时也起到与机体之间隔热的作用。

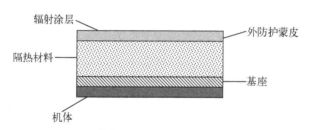

图 4.1 辐射式热防护系统结构示意图

根据热防护结构材料的不同,当前各国航天器机体上的辐射式热防护结构主要可分为三种类型:碳/碳复合材料、耐高温陶瓷及金属热防护系统(metallic thermal protection system, MTPS)[2]。碳/碳复合材料有较好的高温特性,但是抗氧性较差,在高温下会出现烧蚀现象,使得飞行器的流线结构发生改变,从而影响超高速飞行器的气动性能,增大飞行器的控制难度;陶瓷热防护系统极限温度较高(可达1 600℃),热膨胀系数较小,结构更加稳定,但是维护程序复杂,抗冲击性能差[3],会影响高速飞行器的飞行安全[4];MTPS 主要为铝及其合金制品,质量远远轻于传统的陶瓷热防护系统,同时具有柔韧性高、耐冲击性良好、成本低、易于安装维修、不需要气动外壳等优点,逐渐取代了碳/碳复合材料和耐高温陶瓷热防护系统,成为现在应用范围最广的防热结构[5-7]。

金属热防护系统的发展过程可以分为以下四个阶段[8]。

第一阶段(1984~1993年),第一代金属热防护系统外层为高温合金蜂窝夹层板结构,里层为钛合金蜂窝夹层板结构,两层之间夹有封闭式的纤维隔热层,四周为高温合金箔材侧壁[9-10]。第二阶段(1993~1996年),第二代金属热防护系统将里层钛合金蜂窝夹层板结构的中心部分切割掉,只留下四周的固定纤维隔热层,中心除掉的部分焊上钛箔以封闭纤维隔热层,隔热纤维采用比第一代质量更轻、隔热效果更好的隔热纤维,其余和第一代一样,比第一代结构质量更轻[11],如图4.2所示。第三阶段(1996~2000年),第三代金属热防护系统即应用于X-33上的高温合金蜂窝复合防热瓦,其外层为高温钛合金蜂窝夹层板结构,里层为封装隔热纤维的高温合金箔盒,四周没有侧壁,最下层去掉了钛合金蜂窝夹层的刚性结构[12-14],如图4.3所示。美国第四代MTPS也是最新一代的可适应的、耐久的、可操作的、可重复使用的热防护系统[15],如图4.4和图4.5所示,其与在X-33迎风面使用的MTPS相比,在以下几方面进行了改进和提高:① 用底部的框架和金属薄箔代替了原来的蜂窝夹层板,减少了总体质量;② 用外凸的适应面代替褶皱侧面,不仅可以协调由上下面热膨胀引起的不匹配,同时外凸的构形可以密封板间的缝隙,消除板间的辐射传热;③ 增加了支架部分,采用支架作为内外结构的连接部分,传递来自外表面的机械载荷,协调温差引起的

图 4.2 第二代金属热防护系统——钛合金多层壁结构示意图

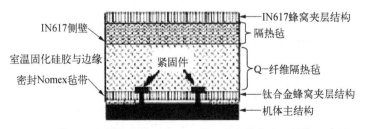

图 4.3 第三代金属热防护系统——高温合金蜂窝夹层结构示意图

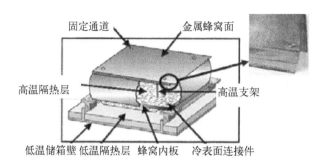

图 4.4　第四代金属热防护系统——改进的金属热防护结构示意图

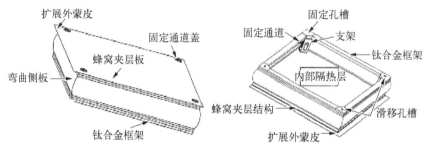

图 4.5　第四代热防护系统各改进部位示意图

热应力;④ 用更加轻质高效的单层隔热毡代替原来的两层结构。

　　本章主要介绍金属热防护系统中的金属蜂窝夹层结构和多层隔热结构。蜂窝夹层是一种典型的金属热防护外层结构,该结构不但有较强的抗冲击性能,还可以承受近千摄氏度的气动热。通过对隔热层结构进行优化设计,可以阻止过多的热量进入飞行器内部,最终达到热防护的目的。

4.1　蜂窝夹层结构理论及预测方法

　　蜂窝夹层结构由外层高温合金蜂窝夹层板和里层封装有隔热纤维的高温合金箔盒组成。外层高温合金蜂窝夹层板在航天器返回过程中承受气动力和高温气动热载荷作用,它的外表面还是被动热防护系统中对环境的辐射散热表面,作为 MTPS 的部分,其热性能将对整体隔热性能产生重要影响。研究 MTPS 蜂窝面板内的传热机制及其热特性对热防护系统热设计具有重要意义,其结构如图4.6 所示。

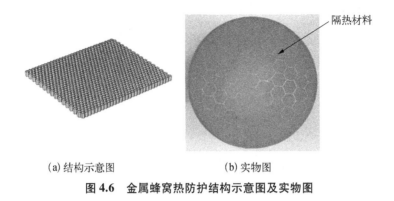

(a) 结构示意图　　　　　　(b) 实物图

图 4.6　金属蜂窝热防护结构示意图及实物图

4.1.1　金属蜂窝结构传热分析模型

　　金属蜂窝面板内的传热包含热辐射、热传导及自然对流,如图 4.7 所示。研究[16]表明,MTPS 高温合金蜂窝和纤维绝热材料内的自然对流均可忽略。施加于高温合金蜂窝夹层板外表面的气动热流使蜂窝外表面温度升高,对环境产生辐射散热,同时向蜂窝夹层板的外蒙皮内部导热;在蜂窝层,通过蜂窝表面间的辐射换热、蜂窝侧壁导热、蜂窝腔气体导热三种传热模式将热量传递到蜂窝夹层板下蒙皮;离开蜂窝夹层板下蒙皮的热量以辐射、纤维固体导热、纤维内气体导热等方式在纤维隔热毡内传递,其中热辐射到达金属反射屏时将发生反射,一部分被反射回去,其余热辐射转换为热能后以导热的方式通过金属箔;热量依次通过各层纤维绝热材料和金属反射箔后最终进入航天器内部。

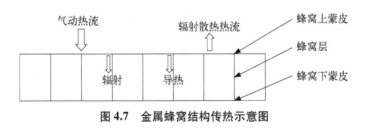

图 4.7　金属蜂窝结构传热示意图

　　由上述分析可以看出,金属蜂窝层内部主要为纵向传热,因此其内部换热可以简化为一维传热问题:

$$(\rho c)_h \frac{\partial T}{\partial t} = \frac{\partial}{\partial x}\left(k_h \frac{\partial T}{\partial x}\right) - S_r \tag{4.1}$$

式中,金属蜂窝结构的等效体积比热容 $(\rho c)_h$ 可表示为

$$(\rho c)_h = f(\rho c)_s - f(\rho c)_g \tag{4.2}$$

式中，s、g 分别代表固相和气相；f 为体积百分比。

金属蜂窝内部结构的辐射换热通常采用蒙特卡洛法进行求解，任意层的辐射量 S_{ri} 为

$$S_{ri} = \frac{1}{\Delta V_i} \sum_{ji}^{N} RD_{ji} - (E_{b,j} - E_{b,i}) \tag{4.3}$$

式中，V_i 为任意层 i 的体积；N 为第 i 层内的控制体个数；RD_{ji} 为传递系数；$E_{b,i}$ 和 $E_{b,j}$ 分别为控制体 i、j 的黑体辐射率。

金属蜂窝板外表面的气动热边界为

$$q_a - \lambda \frac{\partial T}{\partial x}\bigg|_{x=H} = \varepsilon \sigma T^4 \bigg|_{x=H} \tag{4.4}$$

式中，q_a 为气动加热热流；ε 为金属蜂窝板表面的发射率。

在非加热面采用绝热边界：

$$\frac{\partial T}{\partial x}\bigg|_{x=0} = 0 \tag{4.5}$$

初始条件为

$$T\bigg|_{t=0} = T_0 \tag{4.6}$$

金属蜂窝结构内部，填充物和金属箔片接触界面满足如下条件：

$$T\bigg|_{x=xs-0} = T\bigg|_{x=xs+0} \tag{4.7}$$

$$\lambda \frac{\partial T}{\partial x}\bigg|_{x=xs+0} - \lambda \frac{\partial T}{\partial x}\bigg|_{x=xs-0} = q_{r,xs} \tag{4.8}$$

式中，xs 为界面坐标；$q_{r,xs}$ 为界面辐射热流。

4.1.2 蜂窝等效热导率模型

蜂窝结构是一种复杂的几何结构，不同于其他连续体，其热导率不能直接给出，因此为了表征蜂窝结构的导热特性，就需要采用一种方法给出其等效热导率。等效热导率通常是基于实验获得的经验公式，在实验过程中，热量主要

沿试件高度方向传导,忽略沿其余方向的传导,因此蜂窝传热可以假设为一维导热问题。基于实验测得试样温度分布,以及计算等效热导率都是基于导热平板法,如图 4.8 所示,即采用稳态导热下的傅里叶定律:

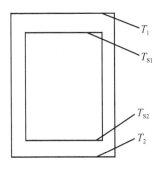

图 4.8　采用导热平板法测量等效热导率的示意图

$$q = k_1 \frac{T_1 - T_{S1}}{L} = k_2 \frac{T_2 - T_{S2}}{L} \qquad (4.9)$$

基于实验理论,计算蜂窝等效热导率的方法主要包括以下几种。

1. 只考虑防热材料

在金属热防护系统中,常采用预封装蜂窝夹层结构,防热系统和承力结构采用一体化设计[17-18]。对于试验中填有防热涂料的蜂窝层混合结构,蜂窝层主要起到承力作用,而防热涂料主要起热防护作用,即将等效热导率视为防热材料的热导率:

$$k = k_r \qquad (4.10)$$

2. 混合计算

蜂窝夹层结构可视为周期性排布的多孔材料,其单胞结构如图 4.9 所示。此时计算等效热导率是基于多孔介质模型,按照材料的体积百分比处理[19],等效热导率可按照以下经验公式计算:

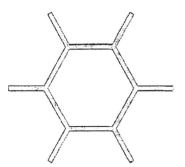

图 4.9　蜂窝单细胞结构示意图

$$k_h = f k_s + (1 - f) k_g \qquad (4.11)$$

参考文献[20]和[21]提出的平行传热和较差传热共同作用的概念,等效热导率计算公式可改进为

$$
\begin{aligned}
k_{\text{series}} &= \frac{k_h k_r}{f k_h + (1 - f) k_r} \\
k_{\text{parallel}} &= \frac{k_h k_r}{f k_h + (1 - f) k_r} \\
k &= \sqrt{A k_{\text{parallel}}^2 + (1 - A) k_{\text{series}}^2}
\end{aligned}
\qquad (4.12)
$$

式中,k_h、k_r 分别为蜂窝壁和填充材料的热导率;A 为系数。

3. 温度函数法

姜贵庆等[22]和任斌等[23]认为,蜂窝的等效热导率与温度存在关系,并且假定热导率随温度变化的关系如下:

$$k = a + bT + cT^2 \tag{4.13}$$

将求解热导率的问题转换为确定式(4.13)中系数 a、b、c 的问题,不同模型的系数和方程次数不同。

4.2 多层复合结构传热分析模型

在航天器返回大气层的过程中,热防护系统中的外层高温合金盖板(蜂窝结构盖板)不但受到巨大的动力载荷冲击,还要承受严重的气动加热,温度高达 1 000℃。由于机身通常是由铝合金制成的,最高设计温度为 176℃,中间隔热层的作用就显得至关重要。多层复合隔热结构通常有两种类型:一种是由多种不同的隔热材料组成不同的隔热层,另一种是由多层隔热材料和屏蔽材料相间组成[24]。隔热材料通常是纤维类,如氧化铝纤维、陶瓷纤维、二氧化硅纤维等。屏蔽材料可作为反射屏抑制辐射传热,降低多层隔热层的综合热导率,结构如图 4.10 所示。与传统单层隔热毡相比,多层复合结构可以有效抑制热辐射向下部机体传递,从而降低隔热层的综合热导率。将多层隔热材料应用到金属热防护系统上,不但可以提高隔热效率还能降低金属热防护系统的厚度和重量。

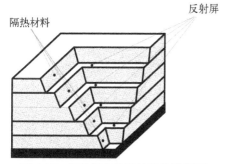

隔热材料
反射屏

图 4.10 多层复合热防护结构示意图

机身表面装配了大面积的热防护层,其横向尺度远大于纵向尺度,因此整个隔热层的传热问题可以简化为一维传热。同时,多层复合热防护结构由反射屏和隔热材料均匀相间组成,每个单元内的传热方式是相同的,所以取其中一个单元来建立多层隔热材料的传热模型,如图 4.11 所示。

进入隔热层的热量主要由导热和辐射部分组成,能量平衡方程为

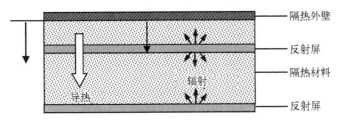

图 4.11　多层隔热结构传热示意图

$$q = q_c + q_r \tag{4.14}$$

式中，q_c、q_r 分别为导热热流密度和辐射热流密度。在非稳态传热条件下，单元体的传热控制方程可表示为

$$\rho c \frac{\partial T}{\partial t} = \frac{\partial}{\partial x}\left(\bar{k}\frac{\partial T}{\partial x}\right) - \frac{\partial q_r}{\partial x} \tag{4.15}$$

初始条件和边界条件可表示为

$$\begin{cases} T(x,\,0) = T_0 \\ T(0,\,t) = T_1(t) \\ T(L,\,t) = T_2(t) \end{cases} \tag{4.16}$$

式中，T_0 为隔热层初始温度；$T_1(t)$、$T_2(t)$ 分别为隔热层顶层和底层边界温度；L 为隔热层厚度。

控制方程中的辐射热流梯度[21]可表示为

$$\frac{\partial q_r}{\partial x} = \beta(1-\omega)(G - 4kT^4) \tag{4.17}$$

式中，β 为光子平均行程长度的倒数；ω 为散射的反射率；G 为隔热层内辐射；k 为玻尔兹曼常量。

假设散射在各个方向上相同，介质为漫灰表面，应用二热流近似方法，隔热层内辐射热流与内辐射热流梯度可表示为

$$q_r = -\frac{1}{3\beta}\frac{\partial G}{\partial x} \tag{4.18}$$

因此，每层隔热层内的辐射热流梯度可表示为

$$-\frac{1}{3\beta^2(1-x)}\frac{\partial^2 G}{\partial x^2} + G = 4kT^4 \tag{4.19}$$

隔热层中两个相邻单元格的表面温度可表示为

$$- \frac{1}{3\beta^2[\,\varepsilon_i/(2 - \varepsilon_i)\,]} \frac{\partial G}{\partial x} + G = 4kT_i^4 \tag{4.20}$$

$$- \frac{1}{3\beta^2[\,\varepsilon_{i+1}/(2 - \varepsilon_{i+1})\,]} \frac{\partial G}{\partial x} + G = 4kT_{i+1}^4 \tag{4.21}$$

式中,ε 为反射屏或边界的发射率。

控制方程中的 $\bar{k}$ 为多层隔热结构的有效热导率,由气体导热和固体导热共同决定,如式(4.11)所示。在中等压力条件下,气体热导率不随气压的变化而改变,但是在此种应用场合下,气体分子与边界固体表面的传热受到环境气压的影响。将温度阶跃理论应用于稀薄气流传热,可获得多孔介质内气体的热导率[9]:

$$k_g = \frac{k_g^*}{1 + 2 \dfrac{2 - \alpha}{\alpha}\left(\dfrac{2\bar{\gamma}}{\bar{\gamma} + 1}\right)\dfrac{1}{p_r}\dfrac{\lambda_m}{L_c}} \tag{4.22}$$

式中,k_g^* 为大气压下依赖于温度的气体热导率;α 为适应系数;$\bar{\gamma}$ 为气体比热比;p_r 为普朗特数;λ_m 为分子平均自由程;L_c 为特征尺度。

根据经验公式,固体热导率计算公式为

$$k_s = f^2 k_s^* \tag{4.23}$$

式中,f 为固体体积比率;k_s^* 为固体纤维材料热导率。

通过数值离散方法即可对如上传热模型进行求解,同时利用模拟仿真软件也可获得较为精确的结果。

4.3   典型算例

典型多层复合防热结构如图 4.12 所示,表层为镍基合金蜂窝夹层结构,中间层为高效隔热材料,底层为铝板,侧面为镍基合金箔片,四个角点为金属连接结构。结构几何参数见表 4.1,材料物性参数见表 4.2。

图 4.12　典型多层复合防热结构

<table>
<tr><td colspan="2">表 4.1　结构几何参数</td></tr>
<tr><td>项　　目</td><td>数值/mm</td></tr>
<tr><td>表面蒙皮厚度</td><td>0.15</td></tr>
<tr><td>蜂窝单元直径</td><td>5.60</td></tr>
<tr><td>蜂窝层高度</td><td>5.00</td></tr>
<tr><td>蜂窝单元壁厚</td><td>0.11</td></tr>
<tr><td>内面蒙皮厚度</td><td>0.08</td></tr>
<tr><td>隔热层厚度</td><td>34.0</td></tr>
<tr><td>底部铝板厚度</td><td>2.0</td></tr>
</table>

表 4.2　材料物性参数			
参　　数	镍基合金	隔热材料	铝板
密度/(kg/m^3)	8 400	400	2 800
比热/$[J/(kg \cdot K)]$	560	1 000	921
热导率/$[W/(m \cdot K)]$	26	0.028	121

　　典型热环境条件如图 4.13~图 4.15 所示,分别为恢复焓(kJ/kg)、冷壁热流 (kW/m²)及表面压力(Pa)随时间的变化曲线。

　　采用等效热导率模型得到蜂窝板的等效传热性能,将其作为等效介质, 建立与隔热层、底板组合的多层复合结构组件的传热分析有限元模型,分析 结构的防隔热性能。侧面有无金属箔片时,多层结构组件面内的几何中心 及角点连接位置特征点温度随时间的变化曲线分别如图 4.16 和图 4.17 所 示,包括蜂窝板上表面、下表面及组件底板。$t = 420$ s 时,有金属箔片和无金 属箔片时的蜂窝结构及组件底板温度分布云图分别如图 4.18 和图 4.19 所 示。有金属箔片时,对于中心位置,蜂窝板上表面最高温度约为 781 K,蜂窝 板下表面最高温度为 759 K,出现在 $t = 420$ s 左右;底板最高温度为 329 K, 出现在最后时刻。对于连接位置,蜂窝板连接结构存在局部热短路效应,热 量通过连接结构传递至底部铝板并向底板中央区域传导,使得底板与蜂窝 结构连接位置的温度高于中心区域,约为 332 K。无金属箔片时,蜂窝板上 表面最高温度为 781 K,蜂窝板下表面最高温度为759 K,出现在 $t = 420$ s 左 右;底板最高温度为 317 K,出现在最后时刻;对于连接位置,底板最高温度 高于中心区域,约为 320 K。

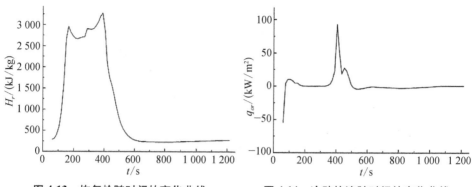

图 4.13 恢复焓随时间的变化曲线　　　图 4.14 冷壁热流随时间的变化曲线

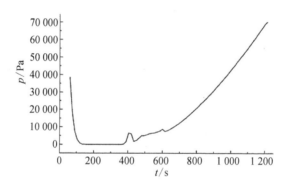

图 4.15 表面压力随时间的变化曲线

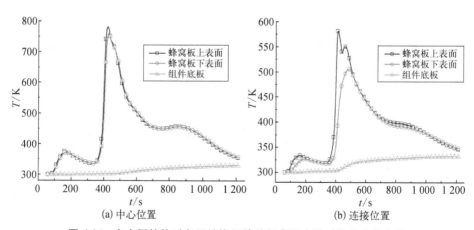

(a) 中心位置　　　　　　　　　　(b) 连接位置

图 4.16 有金属箔片时多层结构组件特征点温度随时间的变化曲线

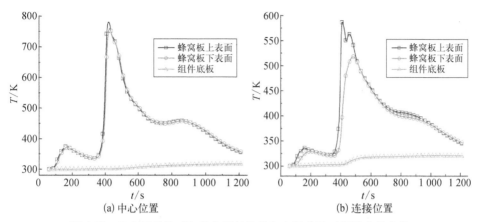

(a) 中心位置　　　　　　　　　　(b) 连接位置

图 4.17　无金属箔片时组件多层结构特征点温度随时间的变化曲线

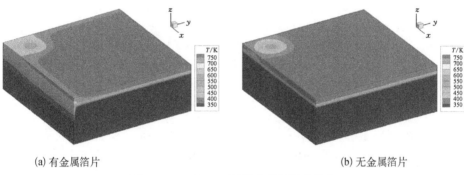

(a) 有金属箔片　　　　　　　　　　(b) 无金属箔片

图 4.18　$t=420$ s 时的蜂窝结构温度分布

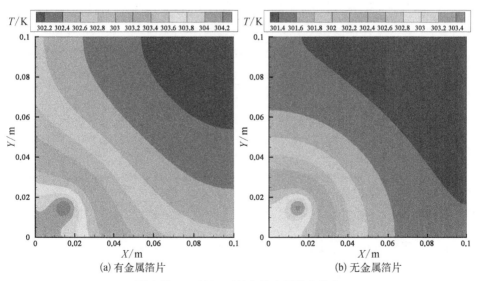

(a) 有金属箔片　　　　　　　　　　(b) 无金属箔片

图 4.19　$t=420$ s 时的组件底板温度分布

参考文献

[1] 韩杰才,陈贵清,孟松鹤,等.新型 ARMOR 热防护系统[J].宇航学报,2004,32(3): 37-41.

[2] 苏芳,孟宪红.三种典型热防护系统发展概况[J].飞航导弹,2006,10: 57-60.

[3] Davis J B, Marshall D B, Oka K S, et al. Ceramic composites for thermal protection systems [J]. Part A: Applied Science and Manufacturing, 1999, 30: 483-485.

[4] 夏得顺.重复运载器金属热防护系统的述评[J].导弹与航天运载技术,2002(2): 12-27.

[5] Blosser M L. Development of metallic thermal protection systems for the reusable launch vehicle[R]. Hampton: NASA, 1997.

[6] Blosser M L, Chen R R, Schmidt I H, et al. Advanced metallic thermal protection system development[C]. AIAA 40th Aerospace Sciences Meeting & Exhibit, Reno, 2002.

[7] Dorsey T J, Poteel C C, Chen R R, et al. Metallic thermal protection system technology development: concepts, requirements and assessment overview[C]. AIAA 40th Aerospace Sciences Meeting & Exhibit, Reno, 2002.

[8] 景丽.金属热防护系统的热力耦合性能研究[D].哈尔滨: 哈尔滨工业大学,2009.

[9] Blair W, Meaney J E, Rosenthal H A. Fabrication of prepackaged superalloy honeycomb thermal protection system (TPS) panels[R]. Chula Vista: NASA-CR-3755, 1985.

[10] Gorton M P, Shielded J L, Web G L. Static and aerothermal tests of a supperalloy honeycomb prepackaged thermal protection system[R]. Hampton: NASA-TP-3257, 1993.

[11] Blosser M L, Martin C J, Daryabeigi K, et al. Reusable metallic thermal protection systems development[C]. Proceedings of the 3rd European Workshop on Thermal Protection Systems, Paris, 1998.

[12] Keller K, Hoffmann M, Zorner W, et al. Application of high temperature multilayer insulation[J]. ActaAstronautica, 1992(6): 452-457.

[13] Wei H N, Peretz P F. Thermo mechanical analysis of a thermal protection system with defects and heat shorts[C]. 47th AIAA/ASME/ASCE/AHS/ASC Structures, Structural Dynamics, and Materials Conference, Newport, 2006.

[14] Stephen J S, Christopher C. Structure and materials technologies for extreme environments applied to reusable launch vehicles [C]. AIAA/ICAS International Symposium and Exposition, Dayton, 2003.

[15] Lance B B. Preliminary structural design of a lunar transfer vehicle aerobrake[C]. Aerospace Design Conference, Irvine, 1992.

[16] David C C, Elaine P S, Alexander H. Thermal characterization of honeycomb core sandwich strctures[J]. Journal of Spacecraft and Rockets, 1998, 35(4): 539-545.

[17] 曹义,程海峰,肖加余,等.美国金属热防护系统研究进展[J].宇航材料工艺,2003,33 (3): 9-12.

[18] 蔡振.飞行器热结构设计及热力耦合响应分析[D].哈尔滨: 哈尔滨工业大学,2013.

[19] 张彪,齐宏,阮立明.二维多孔热密封材料的有效热导率模拟[J].工程热物理学报, 2012,33(7): 1229-1232.

[20] Sullins A D, Daryabeigi K. Effective thermal conductivity of high porosity open cell nickel foam[C]. AIAA Thermophysics Conference, Anaheim, 2001.

[21] Daryabeigi K. Thermal analysis and design of multi-layer insulation for re-entry aerodynamic heating[J]. Journal of Spacecraft and Rockets, 2002, 39(4): 509−514.

[22] 姜贵庆,马志强,俞继军,等.新型防热涂层热导率的参数辩识*[J].宇航材料工艺, 2008(4): 11−13.

[23] 任斌,蔡金狮.用灵敏度法对分布参数系统的参数辩识[J].空气动力学学报,1994,12 (4): 455−459.

[24] Li P, Cheng H. Thermal analysis and performance study for multilayer perforated insulation material used in space[J]. Applied Thermal Engineering, 2006, 26: 2020−2026.

＊　题名有误,应为:参数辨识。

第 5 章
主动式热防护理论及预测方法

5.1 发汗冷却热防护机理及预测方法

5.1.1 研究背景

航空航天技术为现代科学技术发展的前沿,除了要满足飞得更高、更快的要求,节省运行成本、运载器的可重复使用性也成为未来航空航天飞行器的必然发展趋势,随之而来的是一系列关键技术问题,其中之一就是热防护问题。

(1) 液体火箭发动机关键部位热防护。液体火箭发动机经过近百年的发展,已经成为一种可靠的、实用的动力装置,广泛应用于导弹动力、卫星发射、宇宙航行等领域。在工作过程中,燃烧室内的燃料燃烧产生高温高压气流,燃气温度可达 3 600 K,燃烧室内喷注面板、燃烧室及喷管壁面等部位将承受巨大的辐射及对流传热。下一代大推力液体火箭发动机喉部热流密度可达 180 MW/m²,而传统的再生冷却只能提供 150 MW/m²的热流密度,因此必须采取更加高效的冷却技术来提供稳定可靠的热防护。

(2) 吸气式发动机及高速飞行器关键部位热防护。从 20 世纪 40 年代以来,为提高航空用涡轮发动机的推力,涡轮进口温度不断提高,相应地涡轮燃烧室、透平叶片、涡轮盘等关键部位的热负荷随之增加。如今,世界上较为先进的军用涡扇发动机 F135 的最大推力已超过 81 t,涡轮进口温度已达 2 000 K。为满足发动机高性能、高可靠性及长寿命的要求,目前先进的燃机系统多采用耐高温合金配合热障涂层材料,并通过叶片内部复杂的多通道强迫对流加气膜冷却等主动热防护技术来降低叶片温度。涡轮入口温度以平均每年 20℃的速度提高,而金属耐热温度的提升速度仅为透平叶片进口温度的一半。因此,发展更加高效的主动冷却技术,对发展更加先进的涡轮发动机及第五代战斗机有着极其重要的意义。

高速飞行器中一个关键性的技术难题是热防护问题。飞行器在大气层内高速飞行时,飞行器表面会受到剧烈的气动加热作用,表面温度会随着马赫数急剧增加。例如当飞行器以马赫数 8 在海拔 27 km 的高空飞行时,飞行器外壳的鼻锥结构、机翼前缘、进气道等位置将承受最高约 2 600 K 的高温热负荷。空气经过进气段减速压缩升温后进入燃烧室,与燃料混合燃烧,形成高速流经燃烧室的高温燃气,其总温可达 3 000 K 以上,超过了一般的燃烧室壁面结构材料所能承受的极限,必须采用主动冷却的方法来保证发动机正常工作。

(3) 发汗冷却技术。如今,航空航天飞行器的发展速度已经超过了耐高温材料的发展速度,单纯依靠耐高温材料学科的发展已经不能满足未来航空航天飞行器的设计需求,必须结合主动冷却技术来提供更高的热防护能力。

发汗冷却技术是指驱动冷却剂从层板结构或者多孔介质材料层中溢出受热壁面,在受保护壁面形成一层连续且均匀分布的膜结构,进而保护壁面,使之不被高温主流所烧毁(图 5.1)。发汗冷却可认为是气膜冷却孔径极微小、孔分布极密集的一种极限形式,有些学者也将孔径微小、分布密集的全覆盖气膜冷却称为发汗冷却或发汗冷却。Eckert 等[1-2]对发汗冷却和气膜冷却的技术特点进行了比较,他指出在相同流量的情况下,发汗冷却比再生冷却和气膜冷却的效率都要高。针对火箭发动机的研究表明,当注入率为 1%时,发汗冷却的壁面温度比再生冷却的壁面温度低 35%;在壁温相同的情况下,发汗冷却推力室承受的燃气温度可比气膜冷却的方式提高约 1 000℃[3]。发汗冷却技术的最大冷却能力可达 $6×10^7 \sim 1.4×10^9$ W/m^2,发汗冷却在冷却效果上表现优秀,并且有助于减小壁面摩擦阻力,所以被认为是一种最有希望解决未来下一代液体火箭发动机及高速飞行器热防护问题的冷却技术,得到了广泛的研究[4-5]。

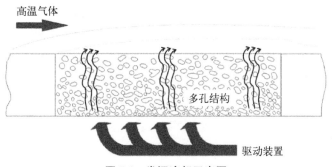

图 5.1 发汗冷却示意图

在发汗冷却的研究中,注入率为冷却流和主流的流率比值,其定义为

$$F = \frac{\rho_c u_c}{\rho_\infty u_\infty} \tag{5.1}$$

式中,下标 c 表示冷却流;下标 ∞ 表示主流。

发汗冷却效果可用发汗冷却效率来描述,它是一个无量纲的温差比值,当主流为亚声速时,其定义为

$$\eta = \frac{T_\infty - T_w}{T_\infty - T_c} \tag{5.2}$$

式中,下标 w 表示壁面。

当主流为超声速流动时,边界层内的流体因黏性作用而摩擦减速,动能转化为内能使温度升高,同时温升导致的温度梯度又使热量导出,绝热壁面温度 T_{aw} 为壁面恢复温度 T_r,达不到主流总温 T_0,因此常用无发汗冷却时的绝热壁面温度来计算发汗冷却效率:

$$T_{aw} = T_g \left(1 + r \frac{\gamma - 1}{2} Ma^2 \right) \tag{5.3}$$

$$\eta = \frac{T_{aw} - T_w}{T_{aw} - T_c} \tag{5.4}$$

5.1.2 国内外研究现状

1. 发汗冷却材料及结构的研究

发汗冷却材料可以分为自发汗冷却材料和强迫发汗冷却材料两大类。自发汗冷却材料多使用粉末冶金材料,通过在高熔点基材内加入低熔点金属粉末颗粒,如 Mo/Cu、W/Cu 等其在高温下气化蒸发带走基材热量以达到材料降温的目的。自发汗冷却材料普遍存在密度大、抗氧化性能差、低温脆性和成本高等问题,在应用上受到一定的限制[6]。陶瓷基自发汗冷却材料相对于粉末冶金材料来说有密度低、热稳定性好的优点,是未来自发汗冷却材料的研究重点[7]。

在强迫发汗冷却材料中,层板发汗冷却结构是通过化学刻蚀或激光光刻的方法,将金属薄板排列成冷却通道,然后经过扩散焊固定成内部存在流动通道的整体结构[8]。层板结构能够实现对冷却剂的精确分流,将其与发汗冷却技术相结合,可以应用在液体火箭发动机燃烧室壁面的冷却技术上,并且在其他许多领

域也得到了应用[9-11]。目前,层板发汗冷却材料仍有加工工艺复杂且成本昂贵、金属材料氧化问题突出的缺点,并且可能会出现热褶皱问题。

烧结金属多孔材料加工相对简单且成本低廉,因此烧结多孔结构作为发汗冷却材料得到了广泛的应用和研究。Duwez 首先采用烧结不锈钢、铜和镍多孔材料进行了多孔管的发汗冷却验证实验,结果表明发汗冷却有很高的冷却效率。Keener 等[12]使用烧结不锈钢多孔材料进行的火箭喷管发汗冷却实验表明,冷却剂注入率为 0.51% 时能使壁面换热系数降低 14%,而对火箭的比冲量影响很小。当注入率增加到 1.17% 时,换热系数能下降 40%[13]。德国宇航中心也针对火箭发动机燃烧室及喷管的冷却采用烧结不锈钢多孔进行了相关的实验[14]。

20 世纪 80 年代以来,由于陶瓷多孔材料密度小、耐热极限高,受到了研究人员越来越多的重视。为进一步提高液体火箭发动机性能,德国宇航中心针对陶瓷复合材料在火箭燃烧室壁面、喷注面板、喉部及外喷管段的发汗冷却结构进行了一系列的研究,并在缩尺火箭考核实验中验证了此种材料结构的可行性[15-17]。使用的纤维强化陶瓷材料包括 C/C、C/SiC、C/C-SiC 复合材料,通过实验得到了大量的模拟数据,发展了陶瓷材料作为火箭发动机内衬材料时,计算发汗冷却效率的数学模型。当火箭发动机燃烧室主流温度为 3 000 K 时,发汗冷却技术能保证陶瓷内衬壁面温度小于 1 200 K,这种优异的表现也吸引学者对其在高速飞行器表面的热防护问题中的应用进行了研究[18-20]。

金属丝网烧结多孔材料是将多层高温合金丝网通过轧制和烧结复合而成的多孔结构,由于其具有优异的拉伸强度和刚度,并且可以通过轧制过程中的变形量来将渗透率控制在很小的范围内,所以在液体氢氧火箭发动机燃烧室喷注器面板上得到了广泛的应用[21-22]。鉴于其在火箭发动机燃烧室喷注面板上的优秀表现,可以对其发汗冷却规律进行进一步的研究,以将其应用在高速飞行器中发汗冷却材料的设计中。

2. 基础实验研究

按照实验中的主流流动工况,发汗冷却实验研究可以分为基础实验研究和模拟实验研究。基础实验研究是为了揭示发汗冷却过程中的换热与流动机理规律而进行的主流流动速度较低的发汗冷却实验,主要针对湍流流动下的发汗冷却问题。大多数基础实验研究均将发汗冷却壁面抽象成平板结构,主流平行于多孔平面流动。Moffat 等[23]对湍流条件下多孔介质壁面吹风和抽吸、均匀与非均匀二次流、主流加速条件下的壁面流动阻力及换热规律进行了实验研究,结果表明,在主流流速为 12 m/s,主流温度为 280 K,注入率为 -0.765% ~ 0.958% 的条件下,Rubesin-Torii 摩擦阻力影响公式及 Mickley-Spalding 对换热理论公式与实验结果符合最好。与实验结果符合良好的多孔平板发汗/抽吸条件下的斯坦顿数预测关系式为

$$\frac{St}{St_0} = \frac{b_h}{e^{b_h} - 1} \tag{5.5}$$

式中,St_0 为无发汗冷却时的斯坦顿数;b_h 为反映注入率的参数。

$$b_h = \frac{v_0/u_\infty}{St_0} = \frac{\dot{m}/G_\infty}{St_0}$$

Bellettre 等[24]进行的实验中,风洞通道截面积为 0.5 m×0.2 m,主流温度最高为 300℃,最大主流流速为 30 m/s。多孔介质采用颗粒直径 $d_p = 50$ μm、100 μm、200 μm 的不锈钢粉末烧结而成,以空气、水蒸气和酒精为冷却剂进行注入率为 0~10% 的发汗冷却研究,采用热电偶和红外测温相结合的方法来测量壁面温度。结果表明,当采用酒精作为发汗剂时,其相变潜热使得在注入率 $F = 0.1\%$ 的条件下即可达到大于 95% 的发汗冷却效率。

其他关于多孔平板发汗冷却的基础实验结果均表明[25-26]:采用发汗冷却技术可以有效降低壁面温度,发汗冷却效率较高且在一定范围内随着注入率的增加而提高;当采用液体作为冷却剂时,利用其相变潜热可以实现比气体大得多的冷却效率。为了将发汗冷却技术应用在燃气轮机叶片、飞行器前缘或其他曲面结构,一些学者也对曲面结构发汗冷却问题进行了基础实验研究,常将其抽象成多孔管的结构[27]。Wang 等[28]利用红外及热电偶对风洞通道内的直径 $D = 36.5$ mm 的圆柱进行了气膜冷却和发汗冷却的实验研究,主流温度为 240℃,冷却剂选用水或空气。结果表明,发汗冷却下的迎风面壁面冷却效率要高于气膜冷却,且液态水冷却效果更佳。Choi 等[29]对辐射加热条件下的多孔管壁面发汗冷却进行了高温实验研究,壁面温度可达 1 000℃,实验表明氢气的发汗冷却效果优于氦气。

余磊等[30]在加热功率为 15 kW、主流最大流量为 $V = 80$ m³/h 的横截面积为 0.08 m×0.01 m 的风洞内,对以空气为冷却剂的颗粒直径 $d_p = 100$ μm,孔隙率 $\varepsilon = 45\%$ 的烧结不锈钢平板表面发汗冷却规律进行了实验研究。孟丽燕等[31]在相同的风洞实验台上,研究了 $d_p = 10$ μm、30 μm 的青铜颗粒烧结多孔介质平板空气发汗冷却流动与换热规律,并开展了由 $d_p = 100$ μm、200 μm 的两种青铜颗粒

烧结的非均匀烧结多孔板发汗冷却实验研究。Liu 等[32]搭建了新的实验台,对温度为 100℃、速度为 30 m/s 主流条件下 40 μm、90 μm 不锈钢及青铜烧结多孔介质平板发汗冷却进行了实验研究和数值模拟,采用红外测温的方法,对其发汗冷却的传热和流动机理进行了分析。另外,设计并加工了 $d_p = 1$ mm、$\varepsilon = 9\%$ 的微直多孔不锈钢平板实验件,采用红外测温及 PIV 测速的实验方法,得到了以空气为发汗介质的壁面冷却效率及近壁区速度场分布。金韶山等[33]和 Liu 等[34]分别进行了钝体头锥的发汗冷却基础实验研究,对不同注入率下不同冷却气体的冷却效果进行了分析比较。图 5.2 为以上基础研究的实验台设备。

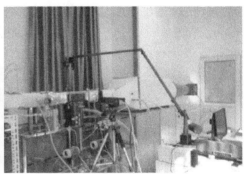

图 5.2　发汗冷却实验台

3. 数值模拟研究

发汗冷却的作用原理是注入的二次流在高温壁面形成一层冷却气膜,将高温主流与壁面隔开,从而降低壁面温度。根据这种作用机理,对发汗冷却问题的数值模拟主要围绕多孔区域的流动换热计算和主流区域的流动换热模型。

多孔材料是具有固体骨架和孔隙的一种多相共存空间,是构成发汗冷却的基本结构,其传热传质研究是发汗冷却中的研究重点。Darcy 最早于 1856 年提出了针对低雷诺数情况下流体流经多孔介质的基于宏观尺度的一维层流流动方程:

$$\nu = -\frac{K}{\mu} \nabla p \tag{5.6}$$

式中,K 为多孔介质渗透率;μ 为流体黏度;ν 为达西速度。

在常规尺度及温度压力范围内,渗透率仅与多孔材料的结构有关,是多孔材料的固有参数。对研究比较广泛的颗粒堆积多孔材料,计算渗透率常用的经验公式为

$$K = \frac{d_p^2 \varepsilon^3}{C(1-\varepsilon)^2} \qquad (5.7)$$

式中,d_p 为颗粒直径;ε 为多孔材料孔隙率;C 为经验系数,Ergun[35] 给出 $C =$ 150,Nield 等[36] 给出 $C = 180$,Aerov 等[37] 给出 $C = 163.8$。

达西定律表明,在低雷诺数情况下,压力梯度主要是克服流体的黏性阻力,而对于多孔介质内流体的高速流动、多相流动、可压缩流体及非均质流体等情况,达西定律不再适用,需要对其进行修正[38]。Forchheimer 通过实验发现,当流动速度增加,惯性力作用增强时,需要考虑压力梯度中克服惯性力的影响。1947 年,Brinkman 给出了考虑流体黏性耗散的 Darcy-Brinkman 修正模型,许多研究表明该修正模型在多孔介质孔隙率较高时才成立。结合上述修正方法,Vafai 等[39] 提出了同时考虑流体流动惯性和黏性耗散影响的 Darcy-Forchheimer-Brinkman 公式:

$$\nabla p = -\frac{\mu}{K}\boldsymbol{v} - c_F K^{\frac{1}{2}} \rho_f |\boldsymbol{v}| \boldsymbol{v} - \tilde{\mu} \nabla^2 \boldsymbol{v} \qquad (5.8)$$

由于许多实验结果都表明式(5.8)能很好地描述多孔介质内的流动规律,Darcy-Forchheimer-Brinkman 公式在多孔介质流动的研究中得到了广泛的应用,其中 c_F(常用 F 表示)为惯性常数,对于颗粒堆积床模型,Ergun 给出其取值为

$$c_F = F = \frac{1.75}{\sqrt{150}\,\varepsilon^{3/2}} \qquad (5.9)$$

Klinkenberg[40] 在测量地质开采过程中的多孔岩芯孔隙率时,发现使用气体实验得到的渗透率值要高于液体,他认为是由于流体流过微多孔介质时产生了速度滑移。根据微尺度流动研究,气体在微通道内的流动和换热可以按照克努森数 Kn 分为连续介质区($Kn < 10^{-3}$)、温度跳跃与速度滑移区($10^{-3} < Kn < 10^{-1}$)、过渡区($10^{-1} < Kn < 10$)及自由分子区($10 < Kn$)[41]。其中,克努森数 Kn 定义为流体分子平均自由程 λ 与流动特征尺寸 l 之比:

$$Kn = \frac{\lambda}{l} = \frac{2\mu}{\rho l \sqrt{\dfrac{8k}{\pi m}}} \qquad (5.10)$$

式中,μ 为空气动力黏度;k 为 Boltzmann 常数;m 为分子质量;对于多孔材料来

说,特征尺寸 l 常取多孔介质内的孔隙直径,因此对于流体在微多孔内的流动及换热,需要考虑速度滑移及温度跳跃带来的影响。

胥蕊娜等[42]和 Huang 等[43]等通过实验研究和数值模拟的方法,对多种气体在 $10 \sim 200$ μm 多孔介质内的流动和换热进行了研究,并根据实验数据在经验关联式的基础上使用 Kn 对微多孔介质内空气滑移流动进行了修正,修正后的公式与实验测量符合较好。

在宏观水平采用体积平均的方法研究多孔介质内换热规律时,根据同一位置固体骨架与流体是否具有相同的温度,可以将多孔介质内的传热模型分为局部热平衡模型和局部非热平衡模型。

局部热平衡模型假设多孔区域内的固体骨架温度等于流体温度,多孔介质区域内的传热特性可以用一个能量方程来进行描述:

$$\rho_c C_{pf} u \nabla T = \nabla(\lambda_{\text{eff}} \nabla T) \tag{5.11}$$

式中,λ_{eff} 为多孔介质等效热导率,可以通过综合固相与流体相本身的热导率及多孔介质内的结构参数,按照相应的模型计算。

局部非热平衡模型则假设多孔介质内流体和固相的温度不同,两者之间存在一定的热量交换,因此需要分别对固相和流体建立能量方程来进行描述。

固相:

$$\nabla(\lambda_{s,\text{eff}} \nabla T_s) = h_v(T_f - T_s) \tag{5.12}$$

流体:

$$\rho_c C_{pf} u \nabla T_f = \varepsilon \nabla(\lambda_{f,\text{eff}} \nabla T_f) + h_v(T_s - T_f) \tag{5.13}$$

式中,$\lambda_{s,\text{eff}}$ 和 $\lambda_{f,\text{eff}}$ 分别为固相和流体的等效热导率;流固相之间的换热通过体积对流换热系数 h_v 来进行计算,h_v 与流固相间对流换热系数 h_{sf} 之间通过多孔介质比表面积 a_{sf} 联系:$h_v = h_{sf} a_{sf}$。

针对多孔介质内流固相间的对流换热系数,许多学者开展了广泛的实验研究并建立了一些计算模型[44],目前常用的经验关联式如下。

Wakao 等[45]:

$$\frac{h_{sf} d_p}{k_f} = 2 + 1.1 Pr^{1/3} Re_d^{0.6} \tag{5.14}$$

Achenbach[46]:

$$h_{sf} = \left[\, (1.18Re_d^{0.58})^4 + (0.23Re_h^{0.75})^4 \right]^{1/4} \tag{5.15}$$

Dixon 等[47]:

$$\frac{hd}{k_f} = 0.255Pr^{1/3}Re_d^{2/3} \tag{5.16}$$

由于局部非热平衡模型更接近真实情况下多孔介质内的传热规律,在大多数情况下都能得到合理的结果,受到了人们的广泛关注,可用于研究多种多孔介质内的对流换热问题[48]。当多孔介质内的流体流动缓慢,流固相间的换热较为充分时,局部热平衡模型成立,并且其形式简单易于求解,在很多场合得到了应用,但是对于局部热平衡假设的适用范围的研究也在一直进行[49]。流动雷诺数、达西数、毕渥数、有效热导率比值等参数被认为是决定热平衡模型是否成立的关键参数。

当将发汗冷却高温主流与多孔介质区域耦合进行数值计算时,由于非热平衡模型中多孔板介质区与主流区耦合交界面的设置问题较复杂,现有的研究大多采用局部热平衡模型来进行整场的数值模拟。

Bellettre 等[50]在进行耦合计算时,将流体从多孔区域的连续注入抽象为由离散分布的微直孔隙流出的类似气膜冷却结构,直接计算冷却流体沿固体之间孔隙结构出流的流动换热,采用 RNG $k-\varepsilon$ 模型结合 L-S 壁面函数计算不可压缩主流区的湍流流动。与实验结果对比表明,RNG $k-\varepsilon$ 模型能较好地模拟主流流速为 10 m/s、温度为 100℃ 条件下发汗冷却的流动及传热规律。Cuhadaroglu[51]也采用类似的方法建立模型,采用标准 $k-\varepsilon$ 模型和壁面函数法进行了数值计算,并比较了倾斜角度对冷却效果的影响。

Cebeci[52]采用壁面函数法对主流马赫数为 0~6.7 时,考虑可压缩性主流条件下壁面存在二次流流动和换热的模型进行了数值计算,结果表明该模型能很好地预测不可压缩流动下边界层内温度和速度沿 y 轴方向的分布,但是随着马赫数的增加,计算偏差逐渐增大。

Leontiev 等[53]使用三参数湍流模型对超声速主流进行模拟,并通过耦合不同的发汗壁面热边界条件计算了异质流体的发汗注入。计算结果表明,壁面温度会沿着流动方向迅速下降,因此不能使用等温或等热流边界条件来简化多孔壁面。

Sreekanth 等[54]采用时均 Navier-Stokes 方程对高速主流条件下($Ma=6~10$)的平板及钝体头锥发汗冷却进行了数值计算,结果表明注入流体对主流压力的影响并不大。二次流的注入会降低壁面摩擦系数 C，但是这种影响在整个平板上并不均匀。他们提出用无量纲温度 E_t 来表示超声速发汗冷却的冷却效率，结果表明当注入率较低的时候，马赫数对 E_t 的影响很小。当注入率较大的时候，E_t随着马赫数的增大而增大。流动雷诺数对 E_t 的影响很大，当雷诺数大的时候，E_t 会达到一个极值。

余磊等[55] 在 PHEONICS3.3 软件平台上使用两层 $k-\varepsilon$ 湍流模型对基础实验工况条件下矩形槽道内的发汗冷却进行了数值模拟，重点研究了壁面换热系数、壁面热流、壁面摩擦阻力因数及斯坦顿数随注入率的变化关系。于淼等[56]使用 RNG $k-\varepsilon$ 湍流模型数值计算了真实火箭推力室环境下多孔介质圆柱槽道内氢气的发汗冷却效率，结果表明在注入率为 1% 左右时，冷却壁面温度在 400~900 K 范围内，壁面局部热流密度降至 200 kW/m² 左右，可以满足航天器燃烧室的壁面保护需要。金韶山等[33] 面向液体火箭发动机推力室及钝体头锥的发汗冷却问题，进行了真实工况下火箭推力室内的发汗冷却热防护及超声速飞行时钝体头锥的发汗冷却问题数值计算。根据火箭推力室内的压力及热流密度分布规律，提出了喷管壁面发汗冷却材料沿轴向进行分段的结构，对冷却剂的用量进行合理优化，并对超声速气动加热条件下钝体头锥发汗冷却效率随多孔介质材料、孔隙率、注入率及尾迹流等因素的变化规律进行了研究和分析。刘元清对基础实验工况下的平板和钝体头锥发汗冷却进行了数值模拟，结果表明，采用热平衡假设得到的计算结果与基础实验研究符合良好。

目前并不常用局部非热平衡模型进行主流流动与多孔区域耦合计算，大多需要对问题进行简化或者施加一定的边界条件假设。姜培学等[57] 针对液体火箭发动机推力室发汗冷却问题进行了二维数值计算，应用局部非热平衡模型，得到了固体骨架及流体的温度分布。结果表明，多孔壁面靠近燃烧室处的温度最高、温度梯度最大，流固相温差最大，壁面热导率的提高有利于降低壁面温度及温度梯度。

孟丽燕等[58] 开发了包括主流区、多孔介质区及致密壁面区在内的发汗冷却耦合二维计算程序，采用分区求解、边界耦合的数值解法，采用局部非热平衡模型，得到了槽道内平板发汗冷却的完整温度场和流场信息。

还有学者使用直接数值模拟[59] 和大涡模拟[60] 对壁面存在二次流注入的流动传热进行了计算，但是由于直接数值模拟和大涡模拟对于网格规模的要求非常高，对计算机资源有极大的需求，所以只有使用超级计算机才能进行，无法用于工程数值计算。

此外,Jiang 等[61]和 Xu 等[62]采用对多孔介质区金属颗粒直接建立模型,在孔隙尺度对流体流过多孔介质的流动换热进行了数值模拟,这样就避免了体积平均方法带来的热平衡假设问题,为发汗冷却问题的数值模拟提供了一种新的思路。

5.1.3　液态工质发汗冷却数学模型及计算方法

液态工质发汗冷却的理论模型非常复杂,因为工质在固态多孔材料骨架内部可以由多种不同状态出现[63]。如图 5.3 所示,可能以五种状态参与发汗冷却:① 完全液态的方式;② 液体及气-液两相混合状态;③ 以单纯气液态之间夹着两相混合态的方式;④ 以气-液两相混合态和气态;⑤ 以单纯气态的方式。显然,这五种状态对应的冷却效果、冷却工质热沉利用率,以及对应的注射压力都不同。因此,描述这五种状态下冷却工质的输运和传热特性的数学模型和数值方法值得研究。

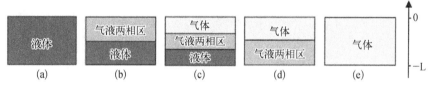

图 5.3　液体工质在多孔骨架中的五种典型状态

在多孔骨架中,单相冷却工质占据的区域,冷却工质输运及流-固之间的换热模型与传统的多孔介质里的传热传质模型相同。困难是冷却工质处于两相区时,气-液-固之间的能量传递由于液体饱和度的变化和相变潜热的加入使得数学模型变得复杂,相应的数值求解方法难度也随之增加。

最早出现的两相区气-液-固发汗冷却数学模型是对气、液两相分开建立的,故称为分相模型(SFM)。这种模型对气相和液相流体分别建立各自的质量和动量守恒方程,对流体和固体分开建立能力守恒方程。因而 SFM 模型的原理比较直观,但是方程数量很多,给数值模拟带来了很多困难。Wang 等通过数学等价变换的方法,对分相模型进行了整理并建立了方程数量更少的两相混合模型(TPMM)。为了实现对液相发汗冷却过程更准确的模拟,Shi 等[64]建立了考虑微孔内部流-固局部换热的热非平衡两相混合模型(LTNE-TPMM)。冷却工质在输运过程中满足质量、动量、能量守恒方程及考虑微孔内流-固之间对流换热 q_{sf} 固体能量守恒方程分别如下:

$$\varepsilon \frac{\partial \rho}{\partial t} + \nabla \cdot (\rho \boldsymbol{u}) = 0 \tag{5.17}$$

$$\boldsymbol{u} = -\frac{K}{\mu(s)} \nabla P \tag{5.18}$$

$$\frac{\partial}{\partial t}(\varepsilon \rho h_f) + \nabla(\rho \boldsymbol{u} \boldsymbol{\gamma}_h h_f) = \nabla(k_{f,\,eff} \nabla T_f) + \nabla(-D(s) h_{fg} \nabla s) + q_{sf} \tag{5.19}$$

$$\frac{\partial}{\partial t}\left[(1-\varepsilon)\rho_s c_{p,\,s} T_s\right] = \nabla(k_{s,\,eff} \nabla T_s) + q_{sf} \tag{5.20}$$

上述方程是一个通用热质传递模型,可适用于多孔骨架中单相流(单纯气态和单纯液态)输运和传热。但是,当冷却工质在多孔骨架中变成气-液两相流时,方程组中的所有参数都是以混合参数出现的,随着对流项占比的增加,对流系数 $\boldsymbol{\gamma}_h$ 变化十分剧烈,特别在两相区开始处,如图 5.4 所示。这种剧烈的对流系数变化会给数值计算造成很大的困难,也会影响计算精度。

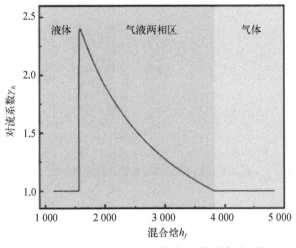

图 5.4　对流系数 $\boldsymbol{\gamma}_h$ 和混合焓 h_f 的对应关系图

为解决这个问题,引入了修正温度,并通过推导,得到如下新形式的方程:

$$\varepsilon \frac{\partial \rho}{\partial t} + \nabla \cdot (\rho \boldsymbol{u}) = 0 \tag{5.21}$$

$$\boldsymbol{u} = -\frac{K}{\mu(s)} \nabla P \tag{5.22}$$

$$\frac{\partial}{\partial t}(\varepsilon \rho \beta_h h_M) + \nabla(\rho \boldsymbol{u} h_M) = \nabla\left(\frac{\Gamma_h}{c_{p,l}} \nabla h_M\right) + q_{sf} \qquad (5.23)$$

$$\frac{\partial}{\partial t}\left[(1-\varepsilon)\rho_s c_{p,s} T_s\right] = \nabla(k_{s,eff} \nabla T_s) + q_{sf} \qquad (5.24)$$

经过修正后的 TPMM 可以完全避免图 5.4 中混合焓 h_f 的剧烈变化,并且方程中新引入的非稳态项参数 $\rho\beta_h$ 随时间和修正混合焓连续单调变化。例如:在一维算例中,热端热流密度为 5×10^5 W/m^2,以液态水为冷却剂的质量流量在 100 s 内从 1 kg/(m^2 · s)减小到 0.02 kg/(m^2 · s),通过以上方程组得到多孔介质中点位置的 $\rho\beta_h$ 变化如图 5.5 所示。由图可见,非稳态项参数 $\rho\beta_h$ 随时间及修正后的混合焓呈单调连续变化、且无突变,由此可判断,修正后的 LTNE – TPMM 具有更好的收敛性和稳定性。

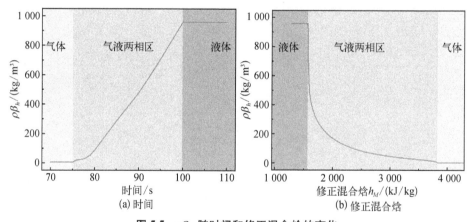

图 5.5　$\rho\beta_h$ 随时间和修正混合焓的变化

在多孔骨架区域和主流区域的交界面上,需要确保两个区域之间的流体速度、压力、温度和热流分布的匹配。如图 5.6 所示,在主流和冷却工质流交界面(耦合边界)上,热流、质量流量和温度是唯一的。在数值计算中,当连续两次迭代的 T_f、T_s 和 P_f 小于 10^{-6},认为求解过程收敛。

5.1.4　发汗冷却计算方法验证

通过烧结金属多孔材料的液态水相变试验来验证发汗冷却计算方法[65]。试验思路为:空气经压缩机加压和风洞加热后横掠过水平放置的多孔平板,可以通过调节高温气流的加热温度和流速改变多孔骨架热端表面的热流密度;液

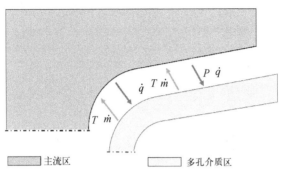

图 5.6　耦合边界示意图

态水作为冷却剂,在高压注射泵的驱动下穿过多孔介质骨架,可以通过调节供水支路和注射泵改变冷却水的流动方向和速度。水在微孔中运动、吸热、发生相变最后变成蒸汽喷出,在多孔平板热端表面形成一层保护膜。试验装置如图 5.7 所示。金属支架由不锈钢制成,多孔介质平板采用不锈钢多孔平板,孔隙率为 22.66%,粒径为 5×10^{-5} m。分别在多孔平板热端表面、板底和冷却腔内布置热电偶和压力传感器对相变过程进行检测和控制。

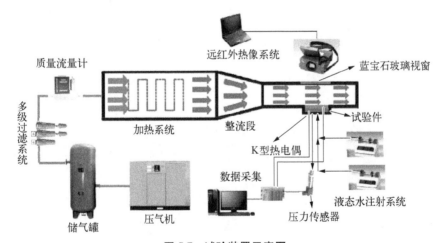

图 5.7　试验装置示意图

　　试验过程中,通过冷却腔内和热端表面热电偶和压力传感器的返回值,调节外界高温气流的温度和冷却剂流量可以控制液体相变发生在多孔介质平板内。控制液态水流量分别为 2.1 mL/min、3.8 mL/min、4.7 mL/min[0.017 5 kg/(m² · s)、0.031 67 kg/(m² · s)、0.031 97 kg/(m² · s)],测量不同热流密度下多孔平板底部压力和温度作为验证源。图 5.8 对试验数据与数值模拟结果进行了对比,除少数点外,试验数据与计算结果吻合得很好。因此,理论模型和数值方法可以用于带有相变的发汗冷却过程的计算和模拟,并且能提供更加精确的计算结果。

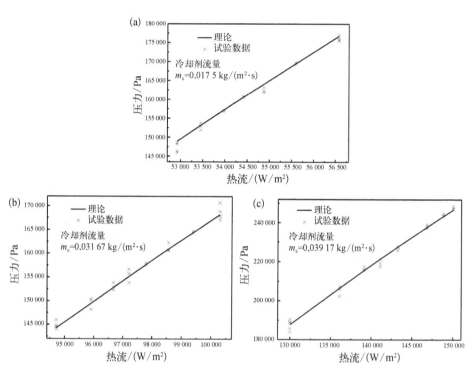

图 5.8　不同冷却剂流量多孔平板底部压力随热流密度的变化

5.2　疏导式热防护机理及预测方法

高速武器的发展过程中普遍面临一系列技术挑战,其中关键部位的热防护是高超飞行器发展的一项瓶颈技术,疏导式热防护技术是解决这一瓶颈的重要手段。疏导式热防护属于半主动热防护技术,通过快速传热结构设计实现热量的快速疏导,并进行热量的主动管理,实现热防护及综合热管理目的。疏导式热防护技术是在充分分析各类新型高速飞行器热流密度分布特性的基础上,摒弃将外加热量就地"消化"的烧蚀防热传统思维,提出一种新型非烧蚀热防护机制。疏导式热防护旨在飞行器防热层中构建三层结构,外层为表面层,主要承担表面抗氧化的非烧蚀功能,满足飞行器不变形的总体要求。中间为疏导层,是一层可控的热量定向传递结构：一方面将强加热部位的热量快速传送到低温区，使高温区温度降低，温度梯度减小，以避免防热结构烧穿或受热应力破坏，同时提高低温区的温度，以增加辐射散热；另一方面利用疏导层背壁的内层-高效隔热层，可大量减少向飞行器内部传输的热量，以确保有效载荷处于安全温度范围，据此建立一种以热量疏导为特征的整体型热防护系统。

5.2.1　疏导式热防护的基本原理与实现途径

1. 疏导式热防护的基本原理[66]

适应高速飞行器在大气层中长程飞行保持外形不变的需求，摒弃将外加热量就地"消化"的烧蚀防热传统思维，疏导式热防护旨在飞行器防热层中建立可控的热量定向流动机制：一方面将强加热部位的热量快速传送到低温区，使高温区温度降低，温度梯度减小，以避免防热结构烧穿或受热应力破坏。同时提高低温区的温度，以增加辐射散热；另一方面在飞行器防热层内设计高效隔热层，尽量减少向飞行器内部传输的热量，以确保有效载荷处于安全温度范围，据此建立一种以热量疏导为特征的整体型热防护系统[67-68]。

疏导式热防护包含四个物理机制，即快速传热机制、高效隔热机制、辐射散热控制机制和表面抗氧化机制。如图 5.9 所示，在表面层（A）内侧，用高效导热材料或器件制成疏导层（B），将高温区的热量快速传送到低温区；在疏导层内侧设计高效隔热层（C），以限制飞行器内部的温度升高；在低温区的更大面积上通过控制表面升温和辐射特性，来有效地提高辐射散热；通过表面处理建立抗氧化层，保证高温空气作用下的飞行器表面不被氧化。这四种物理机制可以独立起

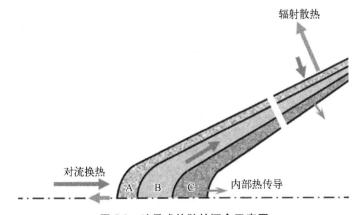

图 5.9　疏导式热防护概念示意图

作用,完成各自担负的或通或堵的热量疏导任务;另外又可以互相配合,共同完成疏导式热防护的整体功能。

疏导式热防护突破了传统热防护思路,对进入防热结构内部的热量进行主动热管理,区别于"热沉式"热防护的"储存热量"特征及"烧蚀式"热防护的"消耗热量"特征,以"疏导热量"为特征,根据总体目标,对热量进行科学有效的管理,是一种综合采用快速传热、高效隔热、辐射散热及表面抗氧化机制的整体式热防护技术,其中快速传热是其最具特点的显著特征,以下具体介绍其物理机制、数学表征、技术实现和应用功效。

2. 疏导式防热的快速传热物理机制[66]

传热是因温差而产生的热能转移,无论是一种介质内还是两种介质之间,只要存在温差,就必然会发生传热。热转移的载体可以是分子,也可以是电磁波或光子。传热有三种基本形式:热传导、对流和辐射。热传导和对流传热机理相似,都是以分子作为热转移的载体,而辐射则是以电磁波或光子为热转移的载体。

固体的热传导源于晶格振动形式的原子活动,近代的观点是这种传热是由原子运动所导致的晶格波形成的。在非导体中,能量传输只能依靠晶格波进行;在导体中,除了晶格波还有自由电子平移运动。液体和气体的热传导是由于分子的运动,即高速运动分子的动能通过碰撞传给低速运动的分子。热传导的能量通量由傅里叶公式表示:

$$q_\lambda = -k \nabla T \tag{5.25}$$

式中,k 为热传导系数,是介质传热性能参数。

1) 快速传热的概念和表征

高速飞行器防热结构的传热分为两部分,一是发生在外表面,与热环境有关的气动加热和辐射散热;二是发生在防热层内部同防热有关的热量传递和控制。飞行器防热结构的传热特性对其表面气动加热和防热结构表面温度均有直接的影响。

在非烧蚀防热、无化学反应的条件下,由外表面传入防热层内部的热量等于气动加热减去表面辐射散热,写成能量平衡方程为[68]

$$k \frac{\partial T}{\partial n} = q_{or}\left(1 - \frac{h_w}{h_r}\right) - \varepsilon\sigma T_w^4 \tag{5.26}$$

式中,k 为防热结构材料的热导率;$\partial T/\partial n$ 为防热结构表面法向温度梯度;

$q_{or}(1 - h_w/h_r)$ 为热壁热流密度，h_w 为壁焓，h_r 为恢复焓。

为引出快速传热概念，首先考虑两种热传导的极限。第一种：当 $k \sim 0$，即防热结构绝热，气动加热不向防热层内部传递，全部在表面辐射散去，则有

$$q_{or}\left(1 - \frac{h_w}{h_r}\right) - \varepsilon\sigma T_{rw}^4 = 0 \tag{5.27}$$

式中，T_{rw} 表示防热层表面绝热时，辐射散热同气动加热达到平衡时的表面温度，称为辐射平衡温度，T_{rw} 可以由式（5.27）迭代求解获得。

另一个极限是 $k \sim \infty$，即防热结构的传热能力无限大。由于进入表面的净热流是有限的，此时必需满足如下条件：

$$\frac{\partial T}{\partial n} = 0 \tag{5.28}$$

即防热结构接近一等温体，此时防热结构达到动态的能量平衡，即热量由高温区快速传至低温区，高温区与低温区的总辐射能量与气动加热平衡，这一原理的物理表达式为[69]

$$\iint q_s\left(1 - \frac{h_w}{h_r}\right)\mathrm{d}s = \iint \varepsilon\sigma T_1^4 \mathrm{d}s \tag{5.29}$$

式中，q_s 表示高热流区和低热流区的气动加热；s 为高、低热流区的面积；T_1 为高、低热流区的表面温度。

高速飞行器的气动加热分布不均匀，头部和前缘部位的面积小，气动加热严重，大面积区的气动加热较小但面积较大。由于防热结构的传热能力无限大，由式（5.28）可知，防热结构的温度接近一个等温体，式（5.29）可近似表示为

$$\iint q_s\left(1 - \frac{h_w}{h_r}\right)\mathrm{d}s = \varepsilon\sigma T_1^4 S \tag{5.30}$$

式中，S 为防热结构的外表面总面积；由式（5.30）可以迭代求解出 T_1。

令

$$T_{eq} = T_1 \tag{5.31}$$

式中，T_{eq} 为防热层内的平衡温度，由式（5.27）与式（5.30）的比较可以看出，T_{rw} 明显大于 T_{eq}，T_{rw}、T_{eq} 分别为防热层表面的最高、最低温度。

实际情况中，k 是个有限值，即防热层表面温度既达不到辐射平衡温度 T_{rw}，

也不可能降至内部平衡温度 T_{eq}。飞行器各部位受热不均,而常用防热材料的 k 值都不大,因此就出现了由加热强弱不均导致的各部位的温度差异。高温区的表面温度可能超过材料的烧蚀温度,引起烧蚀破坏;低温区的表面温度很低,所以辐射散热量很小。如果将防热层(或它的一部分)设计成一种具有特殊性能的介质材料或器件,使它的 k 值各向异性,即在垂直表面方向,k 值小,传热慢;而在平行表面方向,k 值大,传热快。这就可以在限制向飞行器内部传热的前提下,将高温区热量快速传到低温区,以降低前者的温度而避免烧坏;同时提高后者的温度,以增加辐射散热,这就是疏导式热防护快速传热机制的基本含义。这里的"快速"是个相对的概念,即热量由高温区向低温区的传递速度足以保证强加热区的温度升高值始终低于其烧蚀温度,显然这一速度的大小同高温区的加热强度(热流密度)有关。

按照上述思想进行快速传热的结构设计,至少应该考虑三个环节:表面能使飞行器外形保持不变的防热层外壳体;具有各向异性,能使热量沿表面平行方向快速传递的介质材料或器件;防热外壳体与快速传热层之间有足够小的界面热阻。综合这几方面因素,对快速传热性能做出定量评价时,仅用介质热导率 λ 是不够的。考虑到强加热区温度的降低是快速传热的主要指标,对于确定的加热环境,该区域的辐射平衡温度 T_{rw} 可以算出,而通过快速传热后得到的实际表面温度又是一个可以直接测量的确定值。

定义降温系数 η 为

$$\eta = \frac{(T_{rw} - T_w)}{T_{rw}} \qquad (5.32)$$

它表示在一定热环境下,快速传热结构对强加热区域产生的相对降温幅度,用它来表征快速传热机制,既简单方便,又合理。

2)快速传热的材料和元件

快速传热是"疏导式热防护"内部热量管理的一个主要物理机制,其目的是将前缘高温区的热量快速地转移至大面积低温区,以降低高温区表面温度,提高低温区表面温度。快速传热机制的实现需要高效快速的传导介质,高导热碳基材料和高温热管是两类典型的可以在飞行器热防护结构内使用的快速传热介质。

常用金属和合金材料的热导率,均在 500 W/(m·K) 以下。高速飞行器的防热材料一般采用非金属复合材料,从热结构相容性的角度考虑,内部热疏导介质优先考虑非金属材料。高导碳基材料是一种具有定向高导热能力的非金属材料,目前已有热导率为 600 W/(m·K)的高导碳基材料,同时具有优异的耐高温能力。

高导石墨是一种典型的各向异性高导碳基材料,可以实现控制热量传输方向的目的。高导热石墨材料沿 $X-Y$ 方向的理论热导率可以达到 2 400 W/(m·K)。图 5.10 为高导热石墨材料的原子结构图。

图 5.10　高导热石墨材料定向热传导原子结构图

传导是由能量较低的粒子和能量较高的粒子直接接触碰撞来传递能量的方式,一般散热片之间的热量传递主要是采用这种方式,这也是一种最普遍的热传递方式。高导热石墨材料依靠量子化的弹性晶格振动(声子)传递热量,热导率与晶界散射声子平均自由程成正比,声子平均自由程近似等于 L_a(六角网面直径),L_a 大即表示晶格尺寸大,导热性好。高导热石墨材料的传热性能与石墨微晶的取向度、晶格尺寸和晶格缺陷有关。高导热碳材料的热导率计算采用德拜公式:

$$k = 1/3cvl \qquad (5.33)$$

式中,k 为热导率;c 为单位体积的比热容;v 为声子的传播速度;l 为声子的平均自由程。

图 5.11 为沿径向热导率为 600 W/(m·K)的高导热块体石墨。

高温热管是一种具有极强传热能力的热疏导器件,一般采用金属壳体。热管通

图 5.11　高导热块体石墨

常由壳体、毛细芯、工作介质三个部分组成,部分特殊形状的热管内部还存在支撑结构。热管工作原理见图 5.12,它的两端分别为蒸发端和冷凝端。当蒸发端受热时,毛细管中的液体介质迅速蒸发,吸收热量,蒸汽在微小的压力差下流向另外一端,重新凝结成液体,释放出热量,液体在毛细力的作用下沿多孔材料流回蒸发段。这样,通过工质的相变循环将热量由热管热端疏导至冷端。高温热管具有优异的传热性能,在稳态运行状态下,整个热管接近于等温体。

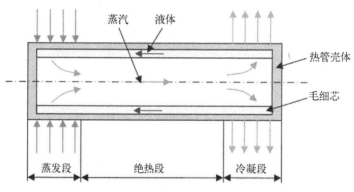

图 5.12　热管工作原理示意图

热管的等效导热能力超过任何现有金属,具有传热效率高、等温性好等特点。按照使用温度可将热管分为低温热管(−273~0℃)、常温热管(0~250℃)、中温热管(250~500℃)和高温热管(500℃以上)等,根据不同的使用环境需求,所采用的热管类型也有所差别。

高温热管应用于高速飞行器的热防护设计时,从热结构相容性的角度考虑,热管可以焊接于金属防热面板内壁进行快速传热,也可以独立设计为一体化防热结构,高温热管的壳体与防热结构的外表面应统一设计。

3) 快速传热预测技术

快速传热预测采用的守恒方程为三维热传导方程:

$$\rho C_p \frac{\partial T}{\partial t} = k\left(\frac{\partial^2 T}{\partial x^2} + \frac{\partial^2 T}{\partial y^2} + \frac{\partial^2 T}{\partial z^2} \right) \tag{5.34}$$

式中,ρ、C_p 分别为材料的密度和比热容;k 为材料的热导率。

初始条件: 当 $t=0$ 时,$T=300$ K。边界条件分别为热流边界条件和绝热壁条件,其中热流边界条件为

$$k\frac{\partial T}{\partial n} = q_o \tag{5.35}$$

式中，n 为边界的法向；q_o 为材料外壁面的净热流。

绝热壁条件为

$$\frac{\partial T}{\partial n} = 0 \tag{5.36}$$

针对疏导模型两层结构的热传导方程与边界条件如下。

表面层：

$$\rho_1 C_{p1} \frac{\partial T_1}{\partial t} = k_1 \left(\frac{\partial^2 T_1}{\partial x^2} + \frac{\partial^2 T_1}{\partial y^2} + \frac{\partial^2 T_1}{\partial z^2} \right) \tag{5.37}$$

疏导层：

$$\rho_2 C_{p2} \frac{\partial T_2}{\partial t} = k_2 \left(\frac{\partial^2 T_2}{\partial x^2} + \frac{\partial^2 T_2}{\partial y^2} + \frac{\partial^2 T_2}{\partial z^2} \right) \tag{5.38}$$

式中，ρ_1、C_{p1} 分别为表面层材料的密度和比热容；k_1 为表面层材料的热导率；ρ_2、C_{p2} 分别为内层疏导材料的密度和比热容；k_2 为疏导层材料的热导率。

表面层外表面和疏导层内表面的边界条件和式（5.35）、式（5.36）相同，表面层内表面和疏导层外表面采用热流边界条件：

$$k_1 \frac{\partial T_1}{\partial n} = k_1 \frac{\partial T_2}{\partial n} = h_c \Delta T = h_c (T_1^b - T_2^w) \tag{5.39}$$

式中，h_c 为界面接触传导系数；ΔT 为表面层下表面和疏导层上表面之间界面两侧的温差。

5.2.2　疏导式防热的主要部件——高温热管

1. 高温热管简介

高温热管是疏导式热防护结构中的关键结构件，与传统中低温热管相同，其通过内部工质蒸汽流动及工质在高温区的汽化吸热和低温区的液化放热实现热量的高速传输，高温热管是一种具有极强传热能力的热疏导介质。

热管元件的工作原理[66]由 Gaugler 于 1942 年提出，Grover 于 1964 年将这种元件正式命名为"Heat Pipe"。1965 年，Cotter 提出了系统的热管理论；1968 年，NASA 第一次将热管用于卫星。之后，热管研究不断深入，在所有传热场合几乎都有应用，解决了许多其他方法难以解决的传热问题，在很多情况下起到了不可替代的作用。至今,热管的研究和应用仍在蓬勃发展,国内外相关学术交流非常活跃。1973 年,德国举行了第一届国际热管会议。1985 年,日本举行了第一届国际热管研讨会。1980 年,我国在哈尔滨举行了第一届全国热管会议,至今已召开了 10 余次。

研究表明,高温热管具有优异的传热性能,其等效导热能力可超过任何现有金属,与最好的导热材料相比,热管的当量热导率可以高几个数量级,在稳态运行状态下整个热管接近于一个等温体。铝和铜的导热性能很好,它们的热导率分别为 127 W/(m·℃)和 398 W/(m·℃)。以它们作为基准进行比较,可以说明热管的性能。

假设要将 20 W 的热量沿直径为 1.27 cm 的圆棒传输 0.5 m 的距离,利用傅里叶定律,对热管和铝、铜的导热性能进行计算,它们所需的传热温差如图 5.13 所示。同样传输 20 W 的热量,铝棒需要 460℃的温差,铜棒需要 206℃的温差,而带丝网毛细芯的铜-水热管只需 6℃的温差。

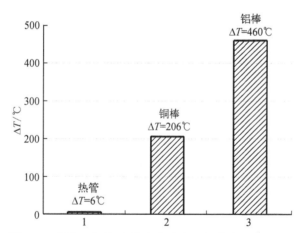

图 5.13　热管和铜棒、铝棒在传递相同热量时的所需温差

作为高效传热部件,中低温热管在轨道器温控、工厂余热回收等军、民用领域得到了广泛应用,且表现出优良的热输运性能,这里不再展开论述。应用于疏导式热防护结构的高温热管原理如 5.2.1 节所述,其具有热管构件的三个基本特性。

(1)传热能力大。工质在产生相变时,吸收和释放的潜热较大,因此不需要很大的蒸发量或冷凝量就能传递大量的热量,参加循环工质的质量流量不需要很大,相应的流阻很小。

（2）等温性好。热管壁面的温度分布主要取决于热源和热汇的温度。可以认为,热管内部工质在产生相变和流动时,温差变化都很小,内部可以得到高度等温的壁面,所以在当量热导率很大的同时,热管等温性较好。

（3）具有热流密度变换能力。热管可以根据需要,在蒸发段用高热流密度输入,在冷凝段用低热流密度输出,或反之。蒸发段和冷凝段具有不同的热导率,传递同样热量所需的面积不同,因此可以方便地设计调整热管这两段相匹配的长度,乃至换热面积。

针对高速飞行器防热问题,美国从 20 世纪 70 年代至今一直在发展高温热管冷却前缘技术,在热疏导技术领域的研究起步较早,资金投入大,整体技术水平较高。例如,NASA 在 NASP 计划当中,将 Li 工质 Mo－Re 金属高温热管嵌入 C/C 翼前缘中,试验表明可将前缘温度由 2 400℃降至 1 700℃。针对三类不同飞行器前缘,NASA 研制了不同运行温度条件下的热管,如 1 022℃、1 356℃和 1 689℃。另外,对于相应的飞行器,采用高温热管的结构可以轻易使其重量减轻 40%~50%。

自 20 世纪 80 年代以来,美国 Thermacore 公司在 NASP 计划中发展应用于高速飞行器前缘的难熔合金热管技术,完成了多种碱金属热管的研制,掌握了热管的嵌入钎焊技术、不同材料复合结构的集成技术及超 1 000℃的长期抗氧化技术等。2014 年,他们宣布一种高速飞行器前缘热管组件在 NASA 电弧风洞成功完成了试验验证,组件包含六根嵌入式热管,采用难熔金属壳体,试验模拟 Ma5~Ma20 下的状态（图 5.14）。

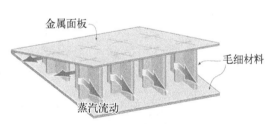

图 5.14　高速尖前缘热管结构设计[70]

近年来,中国航天空气动力技术研究院针对高速飞行器热防护问题,在结构功能一体化高温热管方面,已突破了相关疏导式热防护理论、实现途径及性能评价表征方法等技术瓶颈,采用多种镍基高温合金及难熔合金一体化热疏导结构,并且结构样件通过了电弧风洞试验考核如图 5.15、图 5.16 所示。

2. 高温热管工程实例

飞行器结构耦合热管,不但会使驻点表面温度大幅度降低,还会使驻点区域的高温区域缩小,同时也使材料内部的温度分布得到改善,相对更加均匀。不同部位的气动加热水平及结构特性存在差异,需要设计不同介质及结构形式的高

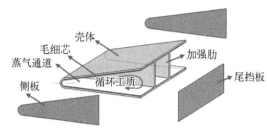

图 5.15 一体化高温热管结构示意图

图 5.16 尖前缘一体化高温热管
热防护结构样件

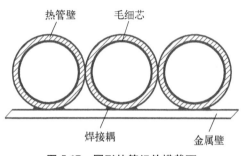

图 5.17 圆形热管组件横截面

温热管满足其工程应用需求。大多数热管具有圆形截面,而根据具体应用不同需要,热管可以与其他几何形状相耦合。热管的横截面不但有三角形、四边形等多边形的情况,而且疏导式热管可设计成横截面积沿热管长度变化的形式,圆形和 D 形热管组件横截面分别如图 5.17 和图 5.18 所示。

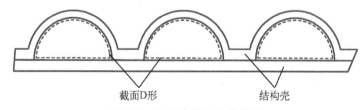

图 5.18 D 形热管组件横截面

高温热管在飞行器前缘的典型应用形式如图 5.19 所示。结构内部为交错布置的 J 形圆截面热管组件。模型由 0.8 mm 厚的镍基高温合金板弯成钝楔结构,前缘半径 $R = 33$ mm,半楔角为 3°,内壁钎焊 8 根尺寸为 $\phi 8$ mm×500 mm 的高温热管。

前缘交错 J 形疏导热管的热防护基本原理如图 5.20 所示。前缘头部受到气动加热作用,热量传导至 J 形热管内部,相当于热管的蒸发端;热量经由热管内部传导至后段后,从翼前缘表面通过辐射散热散发至外界环境,相当于热管的冷凝端。

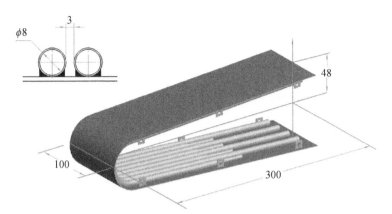

图 5.19　飞行器前缘结构及内部耦合 J 形圆截面热管示意图(单位: mm)

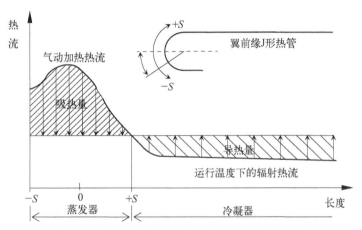

图 5.20　前缘交错 J 形疏导热管热防护基本原理

　　为了体现高温热管的应用效果,将其与同形状大小、同材料的无热管普通金属前缘结构进行对比。高温热管疏导模型及对比模型分别如图 5.21 所示,金属翼前缘模型疏导效率试验状态见图 5.22。

图 5.21　高温热管疏导模型及对比模型

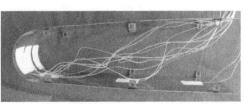

图 5.22　金属翼前缘模型疏导效率试验状态

通过电弧风洞模拟飞行过程中的气动加热状态,对模型热响应进行验证,试验状态如表 5.1 所示。

表 5.1　翼前缘疏导模型试验风洞状态

参　数	总焓/(kJ/kg)	驻点热流/(kW/m²)	驻点压力/kPa
取　值	1 750	350	30

试验流程为将非疏导模型直接送入气动加热流场(约 880 s 时刻),疏导模型先辐射加热,至热管启动后送入流场(约 730 s 时刻),当各自驻点温度接近平衡后停车。图 5.23 为疏导模型与非疏导模型驻点温度测试结果对比,由图可见,在完全相同的气动加热条件下,高温热管疏导模型的驻点表面平衡温度约为950℃,非疏导模型的驻点表面平衡温度约为 1 220℃,即驻点温度降低 270℃左右。

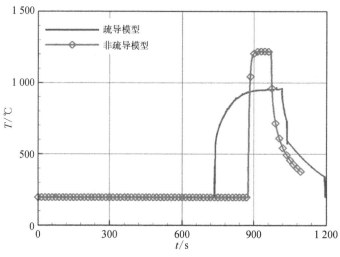

图 5.23　疏导式热防护翼前缘模型驻点温度与非疏导模型试验结果

对图 5.22 中的金属翼前缘疏导模型进行传热计算,金属翼和高温热管管壁均为镍基合金,内部传热工质为钠。采用等效热导率为 100 kW/(m·K) 的固体介质模拟高温热管的传热。金属翼和高温热管之间采用焊接的方式进行金属和金属的连接,因此不考虑接触热阻,热环境根据表 5.1 的试验状态给定,计算物性参数选取如下。镍铬合金:$\rho = 7\,800\ \mathrm{kg/m^3}$,$c_p = 0.502\ \mathrm{kJ/kg}$,$k = 16\ \mathrm{W/(m·K)}$。高温热管:$\rho = 1\,800\ \mathrm{kg/m^3}$,$c_p = 0.502\ \mathrm{kJ/kg}$,$k = 100\ \mathrm{kW/(m·K)}$。镍铬合金的表面辐射系数取 0.6。

图 5.24 为金属翼疏导模型的温度场分布图,从图中可以看出,热管接近一个等温体,说明通过高热导率的固体介质可以近似地模拟热管的传热特性。计算结果和试验结果的对比分析见表 5.2,从表中可以看出,驻点前缘的温度值理论计算结果和试验结果符合较好。理论计算结果中,翼前缘通过热管冷却,温度降低了 358 K,试验温度降低了 300 K,计算中的温降较大,原因是未考虑热管和金属翼之间的接触热阻。

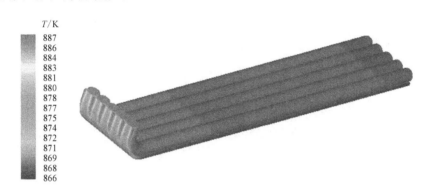

T/K
887
886
884
883
881
880
878
877
875
874
872
871
869
868
866

图 5.24　金属翼疏导模型温度场分布

表 5.2　翼前缘疏导模型试验和计算结果对比

模　型	非疏导模型		疏　导　模　型	
	试验	计算	试验	计算结果
驻点温度	1 320 K	1 236 K	1 020 K	878 K

5.2.3　疏导式传热的模拟方法与分析案例

疏导式传热过程为气动加热条件下疏导结构的响应过程,包含气动加热热量输入、壳体结构导热、高温热管内部传热、表面辐射散热等,其中气动加热、结构导热与辐射散热模拟与常规防热结构分析无异,这里不再赘述,重点关注高温热管内部的热量传递过程,尤其是高温热管的启动过程。

高温热管启动过程是热管从冻结状态到内部形成连续蒸汽流动的过程,在这一过程中,各种传热传质机制的相互耦合关系非常复杂,很难获得解析解,而数值模拟则需要消耗大量时间用于发展模型和数值计算[71]。Cao 和 Faghri[72]根据高温热管启动过程的温度分布特征,在 Sockol 和 Forman 提出的"温度锋面"模型的基础上,导出了均匀受热圆柱高温热管启动过程的代数方程组,计算结果与试验数据、数值计算结果均符合较好。国内学者也通过简化分析、试验测试及数值模拟等方法开展了对热管启动过程的相关研究[73-75],但未有针对尖前缘高温热管启动性能研究的相关报道。另外,由于尖前缘高温热管所处环境属于瞬态非均匀的气动加热环境,且热管外形为非规则外形,数值模拟研究的难度很大。

基于高温热管启动的"温度锋面"模型,本节提出了一种适合用于飞行器尖前缘不规则外形高温热管在气动加热环境下启动性能的工程计算方法,完成了计算方法的验证和尖前缘高温热管启动性能的计算分析,提出了减小高温热管启动时间的方法和途径。

1. 物理模型及假设[76]

试验研究表明,在较高热流输入条件下,高温热管蒸发段(或加热段)的温度会迅速升至一定水平,同时在蒸发段末端形成一个明显的温度梯度并向热管尾端移动,即高温热管启动过程的"温度锋面"模型。该模型将高温热管划分为了两个区域:高温连续蒸汽流区域和低温冻结区域(非连续蒸汽流区域),两个区域的界面称作"温度锋面",假设连续蒸汽流区域的温度沿热管轴向保持为线性分布且"温度锋面"保持为连续蒸汽流临界温度,在没有外加热源的情况下,冻结区域保持为环境温度,蒸发段吸热,使得 Δt 时间内热管的"温度锋面"向尾端移动距离 ΔL,如图 5.25 所示。

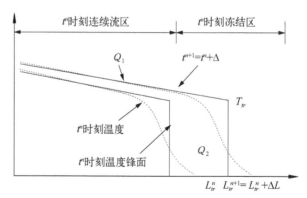

图 5.25 热管启动过程"温度锋面"模型示意图

由于高温热管壳体较薄,近似认为在任意长度 L 处的蒸气温度与壳体温度相等。同时,由于高温热管在较高的气动加热环境下的启动时间很短,工程计算中暂且忽略壳体轴向导热。

2. 热管启动过程工程计算方法[76]

飞行器前缘高温热管沿轴向各个位置均要承受不同程度的气动加热,不存在明显的蒸发段/绝热段/冷凝段分区,不能按照文献中的方法获得热管启动过程的解析解。因此,考虑针对前缘热管的热环境特点进行沿轴向节点划分,并对每一个节点的气动加热率、温升速率及蒸汽流动状态进行计算,然后结合区域能量守恒对温度锋面位置进行精确计算。

1) 节点划分方法

图 5.26 给出了典型飞行器楔形前缘外形,采用工程计算方法计算得到的气动加热热流密度沿前缘轴向的分布规律,可以看出高热流区集中在距离前缘驻点极小的范围内(一般为楔形前缘的圆弧段)。根据前缘热管气动加热环境的这一特征,可近似将热管圆弧段看作初始蒸发段,并作为第一个节点,从圆弧段出口至热管尾端采用均布节点,如图 5.26 所示。

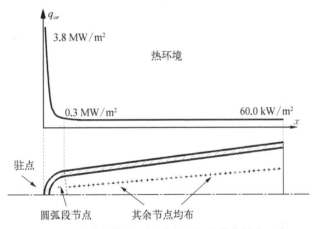

图 5.26　前缘热管热环境分布特征及节点划分示意

在气动加热环境下,第一个节点将迅速温升至连续蒸汽流临界温度,即在圆弧段出口形成初始"温度锋面",并由于持续受热不断向热管尾端推移,后续节点的温升热量来源主要来自连续蒸汽流携带的气化潜热。

2) 冻结区节点温度计算方法

将没有形成连续蒸汽流的区域统称为冻结区,对冻结区节点温度的计算,忽略了热管壳体的轴向导热,因此仅需考虑由气动加热引起的节点温升,即

$$T_i^{n+1} = T_i^n + \frac{q_b A_s \Delta t}{(mC_p)_{\text{eff}}} \tag{5.40}$$

式中，T_i^{n+1}、T_i^n分别为t^{n+1}、t^n时刻节点的平均温度；q_b为进入节点的净热流密度；A_s为节点表面积；Δt为时间步长；$(mC_p)_{\text{eff}}$为节点的等效比热容。

若T_i^n小于工质熔点T_{melt}，则有

$$(mC_p)_{s,\text{ eff}} = m_s C_{p,s} + m_w C_{p,w} + m_m C_{ps,m} \tag{5.41}$$

若T_i^n大于工质熔点T_{melt}，则

$$(mC_p)_{l,\text{ eff}} = m_s C_{p,s} + m_w C_{p,w} + m_m C_{pl,m} \tag{5.42}$$

式中，m_s、m_w、m_m分别为各节点壳体、吸液芯、工质的质量；$C_{p,s}$、$C_{p,w}$、$C_{ps,m}$、$C_{pl,m}$分别为壳体、吸液芯、固态工质、液态工质在相应温度下的比热容。

若在某一时刻，固态工质达到了熔点T_{melt}，则需要考虑相变吸热对节点温升的影响。首先计算当前时刻可用于熔化工质的热量Q_{fus}^n：

$$Q_{\text{fus}}^n = q_b A_s \Delta t - (T_{\text{melt}} - T_i^n)(mC_p)_{s,\text{ eff}} \tag{5.43}$$

若$Q_{\text{fus}}^n - m_m H_{sl} \geq 0$，表示在当前时间步内，节点内的工质能够完全熔化，则

$$T_i^{n+1} = T_{\text{melt}} + \frac{Q_{\text{fus}}^n - m_m H_{sl}}{(mC_p)_{l,\text{ eff}}} \tag{5.44}$$

式中，H_{sl}为单位质量工质熔化所需的热量。

若$Q_{\text{fus}}^n - m_m H_{sl} < 0$，表示当前时间步内节点工质不能完全熔化，即节点处于熔融状态，则$T_i^{n+1} = T_{\text{melt}}$，且在下一时间步计算中，将"$Q_{\text{fus}}^{n+1}$"与"$m_m H_{sl} - Q_{\text{fus}}^n$"比较，作为判断工质能否完全熔化的依据，式中的熔化热项"$m_m H_{sl}$"替换为熔化需要的热量"$m_m H_{sl} - Q_{\text{fus}}^n$"。

3）连续蒸汽流临界温度计算方法

使用克努森数Kn判断热管内部蒸汽的流动状态，取$Kn \leqslant 0.01$对应连续蒸汽流。Kn数定义为分子运动平均自由程λ与蒸汽通道特征尺寸D的比值，圆柱热管的蒸汽通道特征尺寸即通道直径，楔形热管近似取为通道截面的等效直径。

$$Kn = \lambda / D \tag{5.45}$$

分子平均自由程的计算式为

$$\lambda = \frac{kT}{\sqrt{2}\pi\sigma_0^2 P_{\text{sat}}} \tag{5.46}$$

式中，k为波尔兹曼常数；σ_0为分子特征直径（Na分子取3.567 Å，Li分子取

4.44 Å）；P_{sat}为相应温度下的饱和蒸汽压。

在给定温度条件下，由式（5.45）和式（5.46）可推导得到 $Kn = 0.01$ 时，连续蒸汽流形成的临界温度 T_{tr} 和通道特征尺寸 D 的相互对应关系，见式（5.47）和图 5.27。

$$D = \frac{kT_{tr}}{\sqrt{2}\,\pi\sigma_0^2 Kn P_{sat}(T)} \tag{5.47}$$

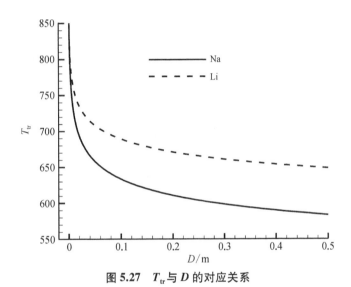

图 5.27　T_{tr} 与 D 的对应关系

4）连续流区温度分布计算方法

由于"温度锋面"始终保持为连续蒸汽流临界温度，且连续流区为线性温度分布，仅需要计算出连续流区驻点至"温度锋面"位置的温差即可得到连续流区的温度分布。

根据 Cotter 的热管理论，连续流区域的层流蒸汽压降可近似表示为

$$\Delta P_v = \frac{4\mu_v L_t Q}{\pi\rho_v r_v^4 H_{lv}} \tag{5.48}$$

式中，μ_v 为蒸汽的动力黏度；L_t 为连续流区的轴向长度；Q 为连续流区传热量；H_{lv} 为工质气化潜热；r_v 为蒸汽通道半径（楔形热管取等效半径）；ρ_v 为蒸汽密度。

由于气化潜热、蒸汽密度、动力黏度等物性参数均为温度的函数，在计算中近似使用连续流区的平均温度 T_{av} 来计算式（5.48）中的各项物性参数。

$$T_{av} = (T_{sta} + T_{tr})/2 \tag{5.49}$$

式中，T_{sta} 表示前缘热管驻点温度。

其次，在连续流区温度和压力变化不大的情况下，由克拉珀龙-克劳修斯方程积分可得

$$\Delta T = \frac{T_{av}}{\rho_v H_{lv}} \Delta P_v \tag{5.50}$$

综合式（5.48）和式（5.50）可得

$$\Delta T = \frac{4T_{av}\mu_v l_t Q}{\pi \rho_v^2 r_v^4 H_{lv}^2} \tag{5.51}$$

另一方面，热管连续流区的传热量 Q 是由当前时刻热管表面温度和来流环境参数共同确定的，即

$$Q = \int_0^{L_t} \max(0, q_x) \mathrm{d}x \tag{5.52}$$

$$q_x = q_{or}[1 - h_w(T_x)/h_r] - \varepsilon\sigma(T_x^4 - T_0^4) \tag{5.53}$$

式中，q_x 表示热管轴向位置 x 处单位长度的净热流；q_{or} 为 x 处的冷壁热流；h_r 为来流总焓；$h_w(T_x)$ 为 x 处表面温度对应的壁焓；ε 为热管表面发射率；σ 为黑体辐射常数。

在热管启动的各个时刻，一旦温度锋面的位置确定，即可使用式（5.49）、式（5.51）~式（5.53）迭代求出当前时刻的连续流区的温度分布。

这里需要指出的是，由于前缘热管为非等截面外形，各个截面连续流临界温度各不相同，若计算得到的节点温度小于该节点的连续流临界温度，则该节点的温度值应取连续流临界温度进行计算。

5）温度锋面推进过程计算方法

采用区域能量守恒方法计算温度锋面推进距离 ΔL，即在 Δt 时间内，温度锋面推进距离需使气动加热量 Q_{input} 与连续流区 t^n 时刻温升至 t^{n+1} 时刻所需热量 Q_{need} 相等。

由式（5.53）可知，进入热管的净热流与热管表面温度有关，因此在计算中，需首先假定温度锋面推进距离 ΔL，然后用前面所述方法迭代计算出 t^{n+1} 时刻的温度分布，然后计算出 t^{n+1} 时刻气动加热净热流 q_{input}^{n+1}，并近似取 Δt 时间内的热管

连续流区的加热量为 t^n 时刻和 t^{n+1} 时刻气动加热的平均值。

$$Q_{\text{input}} = (q_{\text{input}}^n + q_{\text{input}}^{n+1})\Delta t/2 \qquad (5.54)$$

$$q_{\text{input}} = \int_0^{L_t} q_x \mathrm{d}x \qquad (5.55)$$

其次,使用两个时刻的温度分布分别计算轴向长度"$0 \sim L_t^n$"段和"$L_t^n \sim L_t^{n+1}$"段温升所需热量 Q_1 和 Q_2,两者之和即为当前时刻连续流区温升所需总热量。

$$Q_1 = \int_0^{L_t^n} q_1(x) \mathrm{d}x \qquad (5.56)$$

$$Q_2 = \int_{L_t^n}^{L_t^{n+1}} q_2(x) \mathrm{d}x \qquad (5.57)$$

其中,对于"$0 \sim L_t^n$"计算段,节点在温升前后均处于液态工质状态,可得

$$q_1(x) = (mC_p)_{x,\,l,\,\text{eff}}(T_x^{n+1} - T_x^n) \qquad (5.58)$$

对于"$L_t^n \sim L_t^{n+1}$"计算段,则需要判断当前时刻节点内部工质在温升前的状态,若节点温升前工质为固态,则

$$q_2(x) = (mC_p)_{s,\,\text{eff}}(T_{\text{melt}} - T_x^n) + (mC_p)_{l,\,\text{eff}}(T_x^{n+1} - T_{\text{melt}}) + (m_m H_{sl})_x \qquad (5.59)$$

若节点温升前工质为液态,则采用式(5.43)计算 $q_2(x)$;若节点温升前工质为熔融态,则

$$q_2(x) = (mC_p)_{l,\,\text{eff}}(T_x^{n+1} - T_{\text{melt}}) + (m_m H_{sl} - Q_{\text{fus}}^n)_x \qquad (5.60)$$

式(5.58)~式(5.60)中的比热容 mC_p、熔化热 $m_m H_{sl}$ 及熔融态已吸收热量 Q_{fus}^n 均取 x 处单位长度的对应值。通过迭代计算不断更新 ΔL 值,使得 Q_{input} 和 Q_{need} 相等,即得到了当前时间步温度锋面的推进距离。

6) 计算流程

结合温度场及温度锋面的具体计算方法,尖前缘高温热管启动性能的工程计算步骤如下。

(1) 给定热管外形参数及来流环境参数,计算热管节点位置及相关节点参数。

（2）给定时间步长,计算冻结区节点的温升,并判断第一节点温度是否达到连续流临界温度。

（3）若第一节点温度未达到连续流临界温度,则重复步骤(2),否则将第一节点末端作为"温度锋面"初始位置,进入步骤(4)。

（4）给定时间步长,假定温度锋面推进距离 ΔL,使用 ΔL 迭代求解连续流区温度分布,根据温度分布计算当前气动加热量 Q_{input},同时计算由 ΔL 引起的连续流区温升所需热量 Q_{need},若 $Q_{need} > Q_{input}$,则减小 ΔL 重新计算,反之则增大 ΔL 重新计算,直至 $|Q_{need} - Q_{input}| < A_{error}$,其中 A_{error} 为许用计算误差。

（5）计算当前时刻冻结区节点的温升。

（6）比较温度锋面位置 L_x 与热管长度 L_{all} 的大小。若 $L_x \geqslant L_{all}$,表示热管已经完成启动,退出计算,否则重复步骤(4)、(5)。

7) 方法验证

采用文献中 Ponnappan 得到的均匀受热圆柱热管启动试验结果对计算方法进行验证,试验蒸发段加热功率为 289.6 W,工作介质为钠,壳体材料为不锈钢,热管蒸发段、绝热段、冷凝段长度分别为 0.375 m、0.745 m 和 0.91 m,工质填充质量为 92.04 g。图 5.28 给出了热管启动过程中不同时刻温度沿轴向分布的计算结果与试验结果,从图中可以看出,计算得到的前端点温度略低于试验值,而温度锋面位置和温度分布均与试验测量结果符合很好,表明建立的计算方法能够

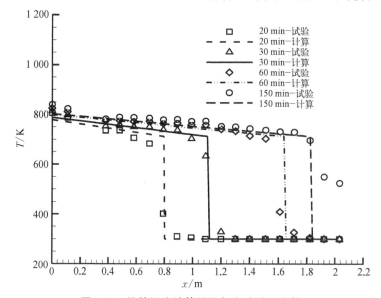

图 5.28　热管温度计算结果与实验结果比较

较好地模拟高温热管启动过程的真实温度分布规律。

3. 分析案例[76]

使用建立的计算方法针对典型飞行器整体式前缘高温热管的启动性能进行了计算分析。计算热环境参数如图 5.26 所示,热管外形参数如表 5.3 所示。

表 5.3　前缘高温钠热管外形参数

热　管　参　数	值
热管总长	150.0 mm
前缘半径	2.0 mm
展向宽度	50.0 mm
壳体厚度/吸液芯厚度	1.0 mm/0.8 mm
钠工质充装量	20.0 g

图 5.29 给出了计算得到的前缘高温钠热管启动过程中不同时刻温度沿轴向分布的计算结果,由计算结果可以看出,在高速气动加热环境下,飞行器前缘高温热管在很短的时间内完成了启动,这主要是由于前缘气动加热率较高及前缘热管尺寸较小。同时可以看出,前缘高温热管连续流区的温度呈非线性分布,这是由于前缘热管属于非等截面外形,越靠近驻点位置,蒸气通道越窄,对应的连续流临界温度越高。因此,较小的前缘半径会增加高温热管的启动时间。

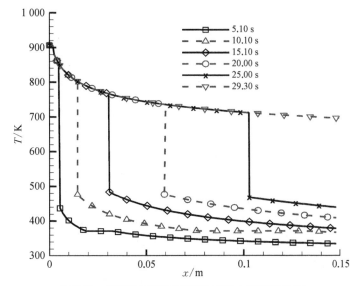

图 5.29　前缘高温钠热管启动过程中的温度分布

由于尖前缘热管尾端气动加热的影响,热管冻结区节点在温度锋面到达之前即已经达到甚至超过了钠工质的熔点(约 371 K),且在大约 15 s 时,所有节点对应的钠工质均已熔化。计算分析表明,如果忽略尾端气动加热,热管的启动时间(算例计算条件下)将由 29 s 升至 55 s 左右。因此,对于尖前缘高温热管,尾端气动加热能够很好地促进内部金属工质的熔化,从而提升高温热管的启动效率。另外,金属工质的快速熔化有利于防止热管因加热率过高引起蒸发区域干涸的情况出现。

在工程应用中,高温热管的迅速启动对于飞行器前缘驻点部位的防热非常重要,过长的启动时间可能导致前缘驻点部位因高温发生破坏。图 5.30 给出了计算得到的热管总长 L_hp、壳体厚度 Thick_s、钠工质充装质量 m_Na 及热管初始温度 T_{ini} 对热管启动时间的影响规律,其中横坐标为热管启动时间。

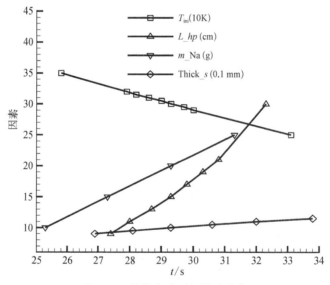

图 5.30　热管启动时间影响因素

从图 5.30 可以看出,减小热管总长、减小壳体厚度、减小工质充装量或者提高初始使用温度均有利于热管的快速启动。因此,在尖前缘高温热管的设计过程中,需根据热管的实际使用环境及使用需求,与本节建立的计算方法相结合,通过优化热管结构参数或者对热管进行预热等方法可以缩短热管的启动时间。

需指出的是,飞行器尖前缘高温热管在气动加热环境下的启动过程是一个多种传热传质因素相互耦合的复杂过程。本节建立的工程计算方法适用于对飞行器尖前缘整体式热管启动性能进行快速预测,但计算中未针对热管的声速极限、携带极限等其他传热极限进行相应的计算分析,这些因素对尖前缘高温热管的启动性能可能产生的影响还有待进一步研究确认。另外,在较低气动加热环境下,高温热管的启动时间会明显增加,热管壳体的导热作用可能会对热管启动性能产生明显影响,在计算中也应予以考虑。

参考文献

[1]　Eckert E R G, Livingood J. Comparison of effectiveness of convection-, transpiration-, and film-cooling methods with air as coolant[R]. New York: NASA, 1953.

[2]　Eckert E R G, Cho H H. Transition from transpiration to film cooling[J]. International Journal of Heat and Mass Transfer, 1994, 37: 3 – 8.

[3]　吴慧英,程惠尔,牛禄.层板发汗冷却推力室壁温的数值模拟[J].工程热物理学报, 2001,22(1): 104 – 106.

[4]　Steelant J. ATLLAS: aero-thermal loaded material investigations for high-speed vehicles[C]. 15th AIAA International Space Planes and Hypersonic Systems and Technologies Conference, Dayton, 2008.

[5]　Bertin J J, Cummings R M. Fifty years of hypersonics: where we've been, where we're going [J]. Progress in Aerospace Sciences, 2003, 39(6 – 7): 511 – 536.

[6]　洪长青,张幸红,韩杰才,等.热防护用发汗冷却技术的研究进展(I)——冷却方式分类、发汗冷却材料及其基本理论模型[J].宇航材料工艺,2005,35(6): 7 – 12.

[7]　吉洪亮,张长瑞,曹英斌.发汗冷却材料研究进展[J].材料导报,2008,22(1): 1 – 3.

[8]　Mueggenburg H H, Hidahl J W, Kessler E L, et al. Platelet actively cooled thermal management devices[C]. 28th Joint Propulsion Conference and Exhibit, Nashville, 1992.

[9]　May L, Burkhardt W M. Transpiration cooled throat for hydrocarbon rocket engines[R]. Sacramento: Aerojet Propulsion, 1991.

[10]　张峰,刘伟强.层板发汗冷却在液体火箭发动机中的应用与发展综述[J].火箭推进, 2007,33(6): 43 – 48.

[11]　刘阳,杨卫华,姜利祥.层板发汗冷却推力室的传热特性[J].燃烧科学与技术,2006,12 (5): 423 – 426.

[12]　Keener D, Lenertz J, Bowersox R, et al. Transpiration cooling effects on nozzle heat transfer and performance[J]. Journal of Spacecraft and Rockets, 1995, 32(6): 981 – 985.

[13]　Chen F, Bowman W, Bowersox R. Effect of transpiration cooling on nozzle heat transfer[J]. Journal of Spacecraft and Rockets, 1996, 33(3): 453 – 455.

[14]　Lezuo M, Haidn O. Transpiration cooling using gaseous hydrogen[C]. 33rd joint Propulsion Conference and Exhibit, Seattle, 1997.

[15]　Serbest E, Haidn O, Greuel D, et al. Effusion cooling of throat region in rocket engines applying fibre reinforced ceramics[C]. 37th Joint Propulsion Conference and Exhibit, Salt Lake, 2001.

[16]　Ortelt M, Hald H, Fischer I, et al. Empirical verification of effusion cooled CMC rocket thrust chambers[C]. 41st AIAA/ASME/SAE/ASEE Joint Propulsion Conference & Exhibit,

Tucson, 2005.

[17] Haidn O, Greuel D, Herbertz A, et al. Transpiration cooling applied to C/C liners of cryogenic liquid rocket engines [C]. 40th AIAA/ASME/SAE/ASEE Joint Propulsion Conference and Exhibit, Fort Lauderdale, 2004.

[18] Langener T, Wolfersdorf J V, Steelant J. Experimental investigations on transpiration cooling for scramjet applications using different coolants[J]. AIAA Journal, 2011, 49(7): 1409 – 1419.

[19] Foreest A V, Sippel M, Klevanski J, et al. Transpiration cooling to handle the aerothermodynamic challenges of the spaceliner concept[C]. The 2nd European Conference for Aerospace Sciences, Brussels, 2007.

[20] Foreest A V, Sippel M, Gülhan A, et al. Transpiration cooling using liquid water[J]. Journal of Thermophysics and Heat Transfer, 2009, 23(4): 693 – 702.

[21] 王燚,方玉诚,郭章,等.丝网多孔发散冷却面板烧结新工艺探索[J].宇航材料工艺, 1995,25(3): 14 – 17.

[22] 姜翔照,刘增祥.发汗面板用 GH30 织网丝和网的研制[J].天津冶金,1991(1): 44 – 48.

[23] Moffat R J, Kays W M. The turbulent boundary layer on a porous plate: experimental heat transfer with uniform blowing and suction [J]. International Journal of Heat and Mass Transfer, 1968, 11: 1547 – 1566.

[24] Bellettre J, Bataille F, Lallemand A, et al. Studies of the transpiration cooling through a sintered stainless steel plate[J]. Experimental Heat Transfer, 2005, 18 (1): 33 – 44.

[25] Meinert J, Huhn J, Serbest E, et al. Turbulent boundary layers with foreign gas transpiration [J]. Journal of Spacecraft and Rockets, 2001, 38(2): 191 – 198.

[26] Langener T, Wolfersdorf J, Laux T, et al. Experimental investigation of transpiration cooling with subsonic and supersonic flows at moderate temperature levels[C]. 44th AIAA/ASME/ SAE/ASEE Joint Propulsion Conference & Exhibit, Hartford, 2008.

[27] Mathelin L, Bataille F, Lallemand A. The effect of uniform blowing on the flow past a circular cylinder[J]. Journal of Fluids Engineering, 2002, 124(2): 452 – 464.

[28] Wang J, Messner J, Stetter H. An experimental investigation of transpiration cooling. part I: application of an infrared measurement technique [J]. International Journal of Rotating Machinery, 2003, 9: 153 – 161.

[29] Choi S, Scotti S, Song K, et al. Transpiring cooling of a scram-jet engine combustion chamber[C]. 32nd Thermophysics Conference, Atlanta, 1997.

[30] 余磊,姜培学,任泽霈.发汗冷却换热过程的实验研究与数值模拟[J].工程热物理学报, 2005,26(1): 95 – 97.

[31] 孟丽燕,姜培学,蒋方帅,等.烧结多孔壁面发汗冷却换热的实验研究[J].清华大学学报: 自然科学版,2005,45(11): 1537 – 1539.

[32] Liu Y Q, Jiang P X, Xiong Y B, et al. Experimental and numerical investigation of transpiration cooling for sintered porous flat plates[J]. Applied Thermal Engineering, 2013, 50(1): 997 – 1007.

[33] 金韶山,姜培学,苏志华.钝体头锥发汗冷却对流换热实验研究[J].工程热物理学报,

2009,30(6): 1002 - 1004.

[34] Liu Y Q, Jiang P X, Jin S S, et al. Transpiration cooling of a nose cone by various foreign gases[J]. International Journal of Heat and Mass Transfer, 2010, 53(23 - 24): 5364 - 5372.

[35] Ergun S. Fluid flow through packed columns[J]. Journal of Material Science and Chemical Engineering, 1952, 48 (2): 89 - 94.

[36] Nield D A, Bejan A. Convection in porous media[M]. Berlin: Springer, 2006.

[37] Aerov M, Tojec O. Hydraulic and thermal basis on the performance of apparatus with stationary and boiling granular layer[M]. Leningrad: Himia Press, 1968.

[38] Zeng Z, Grigg R. A criterion for non-Darcy flow in porous media[J]. Transport in Porous Media, 2006, 63(1): 57 - 69.

[39] Vafai K, Tien C. Boundary and inertia effects on flow and heat transfer in porous media[J]. International Journal of Heat and Mass Transfer, 1981, 24: 195 - 203.

[40] Klinkenberg L. The permeability of porous media to liquids and gases[C]. Drilling and Production Practice, American Petroleum Institute, New York, 1941.

[41] 陈熙.动力论及其在传热与流动研究中的应用[M].北京: 清华大学出版社,1996.

[42] 胥蕊娜,姜培学,李勐,等.微细多孔介质中流动及换热实验研究[J].工程热物理学报, 2006,27(1): 103 - 105.

[43] Huang Y L, Jiang P X, Xu R N. Experimental investigation of fluid flow and internal convection heat transfer in mini/micro porous media[C]. ASME 2009 Second International Conference on Micro/Nanoscale Heat and Mass Transfer, Shanghai, 2009.

[44] Kuwahara F, Shirota M, Nakayama A. A numerical study of interfacial convective heat transfer coefficient in two-energy equation model for convection in porous media [J]. International Journal of Heat and Mass Transfer, 2001, 44(6): 1153 - 1159.

[45] Wakao N, Kaguei S, Funazkri T. Effect of fluid dispersion coefficients on particle-to-fluid heat transfer coefficients in packed beds: correlation of nusselt numbers [J]. Chemical engineering science, 1979, 34(3): 325 - 336.

[46] Achenbach E. Heat and flow characteristics of packed beds[J]. Experimental Thermal and Fluid Science, 1995, 10(1): 17 - 27.

[47] Dixon A G, Cresswell D L. Theoretical prediction of effective heat transfer parameters in packed beds[J]. AICHE Journal, 1979, 25(4): 663 - 676.

[48] Amiri A, Vafai K, Kuzay T M. Effects of boundary conditions on non-darcian heat transfer through porous media and experimental comparisons[J]. Numerical Heat Transfer, Part A: Applications, 1995, 27: 651 - 664.

[49] Wang J, Wang H. A discussion of transpiration cooling problems through an analytical solution of local thermal nonequilibrium model[J]. Journal of Heat Transfer, 2006(128): 1093 - 1098.

[50] Bellettre J, Bataille F, Lallemand A. A new approach for the study of turbulent boundarylayers with blowing[J]. International Journal of Heat and Mass Transfer, 1999, 42 (15): 2905 - 2920.

[51] Çuhadaroglu B. Numerical study of turbulent boundary layers with heat transfer and tangential transpiration[J]. International Journal of Numerical Methods for Heat & Fluid Flow, 2004, 14(6): 760-782.

[52] Cebeci T. Calculation of compressible turbulent boundary layers with heat and mass transfer [J]. AIAA Journal, 1971, 9(6): 1091-1097.

[53] Leontiev A, Lushchik V, Yakubenko A. Compressible turbulent boundary layer on a permeable plate with injection of foreign gas [J]. High Temperature, 2007, 45 (4): 488-496.

[54] Sreekanth M, Reddy N. Numerical simulation of transpiration cooling over blunt bodies at hypersonic Mach numbers[C]. 30th Thermophysics Conference, San Diego, 1995.

[55] 余磊,姜培学,任泽霈.发汗冷却湍流换热过程的数值模拟[J].清华大学学报:自然科学版,2003,43(12): 1668-1671.

[56] 于淼,姜培学.高温气体流过圆管对壁面发散冷却的数值模拟[J].清华大学学报:自然科学版,2006,46(2): 242-246.

[57] 姜培学,任泽霈,陈旭扬,等.液体火箭发动机推力室发汗冷却传热过程的数值模拟:(Ⅱ)数值方法与计算结[J].推进技术,1999,20(4): 17-21.

[58] 孟丽燕,姜培学,蒋方帅,等.基于局部非热平衡模型的发汗冷却过程的数值模拟[J].工程热物理学报,2006,27(4): 667-669.

[59] Sumitani Y, Kasagi N. Direct numerical simulation of turbulent transport with uniform wall injection and suction[J]. AIAA Journal, 1995, 33(7): 1220-1228.

[60] Brillant G, Bataille F, Ducros F. Large-eddy simulation of a turbulent boundary layer with blowing[J]. Theoretical and Computational Fluid Dynamics, 2004, 17(5-6): 433-443.

[61] Jiang P X, Lu X C. Numerical simulation of fluid flow and convection heat transfer in sintered porous plate channels[J]. International Journal of Heat and Mass Transfer, 2006, 49(9): 1685-1695.

[62] Xu R N, Jiang P X. Numerical simulation of fluid flow in microporous media [J]. International Journal of Heat and Fluid Flow, 2008, 29(5): 1447-1455.

[63] He F, Wang J H. Numerical investigation on critical heat flux and coolant volume required for transpiration cooling with phase change[J]. Energy Conversion and Management, 2014, 80: 591-597.

[64] Shi J X, Wang J H. A numerical investigation of transpiration cooling with liquid coolant phase change[J]. Transport in Porous Media, 2011, 87(3): 703-716.

[65] He F, Wang J H, Xu L, et al. Modeling and simulation of transpiration cooling with phase change[J]. Applied Thermal Engineering, 2013, 58: 173-180.

[66] 李锋.疏导式热防护[M].北京:中国宇航出版社,2017.

[67] 李锋,艾邦成,姜贵庆.一种热平衡等温机制的新型热防护及相关技术[J].宇航学报,2013,34(12): 1644-1650.

[68] 姜贵庆,艾邦成,俞继军.疏导式热防护的冷却机制[J].空气动力学学报,2009,27: 46-50.

[69] 刘连元.高超飞行器热防护的发展与疏导式热防护方法[J].气体物理,2010,5(2):

112 - 116.

[70] Kasen S D. Thermal management at hypersonic leading edges[D]. Charlattesville: University of Virginia, 2013.

[71] Cao Y, Faghri A. A numerical analysis of high-temperature heat pipe startup from the frozen state[J]. Journal of heat transfer, 1993, 115(1): 247 - 254.

[72] Cao Y, Faghri A. Closed-form analytical solutions of high-temperature heat pipe and frozen startup limitation[J]. Journal of heat transfer, 1992, 114(4): 1028 - 1035.

[73] 曲伟, 王焕光. 高温及超高温热管的相容性和传热性能[J]. 化工学报, 2011, 62(S1): 77 - 81.

[74] 曲伟, 王焕光, 段彦军. 高温及超高温热管的启动特性和传热极限[J]. 工程热物理学报, 2011, 32(8): 1345 - 1348.

[75] 黄生云, 郭航, 叶芳. 热管启动性能研究进展[J]. 现代化工, 2009, 29(7): 27 - 30.

[76] 邓代英, 陈思员, 艾邦成, 等. 尖前缘一体化高温热管启动性能计算分析[J]. 空气动力学学报, 2016, 34(5): 646 - 651.

第6章

粒子云侵蚀机理及评估方法

高速飞行器再入大气层过程中,当与粒子环境(包括雨、冰晶、雪花等)相遇时,会发生粒子/激波层的相互作用,对这种复杂的再入现象的研究,是高速飞行器再入的前沿技术和防热设计水平的标志。粒子通过激波后高速碰撞到高速飞行器表面,将对热防护系统特别是端头造成严重侵蚀。同时,由于粒子环境一般存在于14 km以下的高度,高速粒子撞击端头表面,加剧了端头形状变化。在这种情况下,高速飞行器被动式热防护系统要经受高的烧蚀率和侵蚀率,它对飞行器的完整性和再入性能有大影响,是关系到飞行器的生存能力及命中精度的重要问题。

国外从20世纪70年代初开始了粒子云侵蚀技术研究,包括侵蚀机理、设计方法、地面试验、飞行试验等[1~4]。我国从20世纪70年代末期,开始了粒子云侵蚀课题的研究工作,通过技术攻关,将理论分析与试验研究相结合,进行了较全面的研究,得到了一些重要结论,使原来一些模糊不清的问题得到了一个较为清楚的解答,阐明了高速飞行器抗天候粒子的侵蚀机理,建立了抗天候侵蚀研究与设计所需要的设计方法和试验手段(包括试验技术、试验设备和测试方法)。

高速飞行器的抗粒子云侵蚀是一项十分复杂的综合课题,它涉及材料工艺学、空气动力学、气动热力学、高速撞击力学、气象学等多种学科,属于设计、试验、理论三位一体的综合技术,而其中有关侵蚀机理的研究则是综合技术中的重要基础,也是实践工程中最先面临的难题,概括起来,高速飞行器抗粒子云侵蚀工程必须解决五大问题。

(1)指导粒子侵蚀理论、试验研究的相似规律是什么?如何正确地进行模拟试验?

(2)侵蚀质量损失比或质量侵蚀系数与哪些因素有关,如何建立起正确的侵蚀系数表达式?

（3）多大尺度的粒子能够完整穿过高速飞行器激波层达到物面,给热防护系统造成侵蚀破坏? 粒子在激波层的行迹怎样? 粒子到达物面时的质量、密度和速度如何?

（4）粒子对激波层的干扰,特别是破碎粒子及撞击飞溅物对激波层的干扰会不会使热流增加? 如何估计这种热增效应?

（5）如何正确认识和确定天气粒子环境,以及如何获取目标区最有代表性的天气剖面?

6.1　天气环境剖面

对于高速飞行器抗侵蚀设计与性能评估工作,常规的天气预报的作用是有限的,因为它不仅需要目标区域的实时气象条件,更需要全年或季节（或月份）的平均气象环境及其出现的日期概率,更确切地说就是目标空域中的天气环境分布剖面,即云、雨、雪区域中粒子的平均尺度、水含量密度沿高度的最可几分布剖面。一般采用单位体积水含量对于所在空域高度的加权积分,即天气严重指数 WSI_p 来表征高速飞行器飞行所遇到的天气侵蚀严重程度。

$$\text{WSI}_p = \int_0^\infty \rho_{f\infty}(h) h \mathrm{d}h \tag{6.1}$$

式中,$\rho_{f\infty}$ 为水含量密度（g/m^3）;h 为飞行高度（km）。

WSI_p 实际上描述了与高度相关的单位面积上遭遇的粒子能量,或者说是在飞行轨道剖面上,单位大气体积内对高度加权的粒子能量之和,因此从宏观上描述了再入弹道的环境情况,也就是给定一个总的再入大气的非洁净特性。中等天候严重指数是指 $\text{WSI}_p = 6 \sim 8 \text{ g} \cdot \text{km}^2/\text{m}^3$,$\text{WSI}_p$ 值越高,侵蚀作用越严重。

然而,仅用这个指标来说明侵蚀的严重程度是不充分的,还要考虑一些其他重要的物理量[5]。

（1）液滴的相态。由图 6.1 可知,表面碳-碳端头在再入过程中遇到不同种类的液滴时,其侵蚀量与外形是不同的,不同的相态会影响端头的后退量。同时,碎裂雪片的后退量最大,未碎裂雪片的后退量最小,前者是后者的 2 倍左右。

（2）液滴的浓度。通过云液滴的浓度,可以了解高速飞行器碰撞液滴的机会,也可以为地面模拟试验中的粒子浓度指标提供指导。不同种类云层的液滴

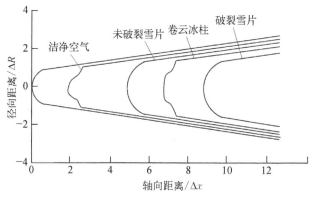

图6.1 碳-碳端头外形变化

浓度是不一样的,即使同一种云,不同高度的液滴浓度也是不一样的,一般来说,云的底部液滴浓度大(液滴小),中上部液滴浓度小(液滴大)[6]。

(3) 含水量 ρ_c 随着云的种类和厚度变化,一般来说,云上部大,底部小,图6.2表明,同一种高速飞行器在同一种雨环境中,由于雨环境中的含水量不同,其侵蚀量是不一样的;在同一飞行高度,由于含水量不同,其外形和侵蚀量也是不同的,所以含水量对侵蚀量的影响较大。

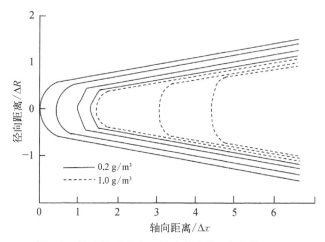

图6.2 端头外形在雨环境中的变化(含水量不同)

(4) 液滴直径 D_p。液滴直径决定其是否穿过激波层而撞击到高速飞行器表面产生侵蚀效应。试验表面,在 $Ma_\infty = 10$ 条件下,$D_p < 0.07$ mm,雨滴撞击不到 R_N 为 30 mm 的端头表面,而能撞击到 R_N 为 150 mm 的端头的最小雨滴直径为 0.68 mm。这说明当液滴经过激波时,其受高速气流剪切而产生剥裂、破碎,只有

部分液滴可以到达物面。

（5）液滴质量 m_p。液滴质量主要决定液滴通过激波层,受到高温气体加热时是否会蒸发掉。小质量液滴在激波层中完全蒸发,不能到达高速飞行器物面,而大质量液滴在激波层中只蒸发一小部分,大部分质量仍能达到高速飞行器表面产生侵蚀效应,所以要重视云层中的大质量液滴的影响。

（6）云厚。云厚表达液滴垂直存在的区域,云越厚,侵蚀越严重,较厚的雨层云和积雨云对高速飞行器的侵蚀十分严重。

（7）云顶高。云顶高是指云层顶部至地面的距离,是正确判断高速飞行器发生侵蚀的参考点,这个高度对于高速飞行器的烧蚀/侵蚀耦合起着决定性作用。云顶高越大,侵蚀越严重。

（8）侵蚀天气的出现概率。获取上述大气环境参数必须借助包括常规探测、飞行探测和雷达探测等各种手段的时空同步综合探测技术和相应的资料加工系统。如果要给出目标区域天气严重指数,需要对该目标区域至少近 5 年内的常规气象测量结果进行统计,包括大气压力、温度、风速、风向随高度的变化表及经换算后的大气密度和声速随高度的变化表。按照相关统计分析模型,对目标区域天气剖面进行统计分析,可以得出不同月份、不同季节条件下某一天气严重指数所出现的时间概率和天数。因此,有关再入区域天气环境的研究非常重要,而且也非常复杂,是耗资巨大的一项工作。

天气环境剖面中最基本,也是最主要的参数是粒子的相态、平均尺寸和水含量(数密度)。一般来说,水含量的分布是沿高度连续变化的,但出于应用上的简化考虑,通常将这些参数沿高度进行离散,将感兴趣的再入高度分成若干段区域,在每段高度区域内给出单一的相态、平均粒子直径和水含量,这就是天气剖面图。

虽然天气剖面对再入天气环境的非洁净程度进行了较细致的描述,但从统计分析的角度看,它只是一种均值或数学期望值的反映,因此需要研究其出现的概率和置信度,以及误差带或不确定度,特别是各种相态下服从正态分布的滴谱及数密度信息。

对于天气剖面的测量,往往是直接测量各高度上大气的水含量,这种做法在技术上比较可行,然后再从水含量和滴谱分布测量结果推算数密度及密度分布函数。粒子平均直径的确定,目前采用的是数密度加权平均方法。在天气剖面制定中,对于散布度较大的测量值,采用合理的模型和数学模式相当重要。

立足于常规的气候资料,对欧亚地区建立了确定天气剖面的气候模型,其主要步骤如下[7-9]。

（1）根据一些特殊观测，建立地面降雨率与常规气候参数之间的关系。

（2）根据一些特殊观测，建立降雨率的垂直剖面模型，并认为该模型发生的时间概率与地面降雨率的时间概率相同，因此知道了地面降雨率，便可由该模型推算出各高度上的降雨率。

（3）根据理论和经验公式，建立降雨率与含水量的关系，根据此关系式将降雨率换算成液态水含量。

（4）根据理论和试验数据，由含水量推算出滴谱分布。

（5）由液态水含量的垂直剖面推算出环境严重指数。

欧洲中部地区和美国典型天气剖面如图 6.3 所示。

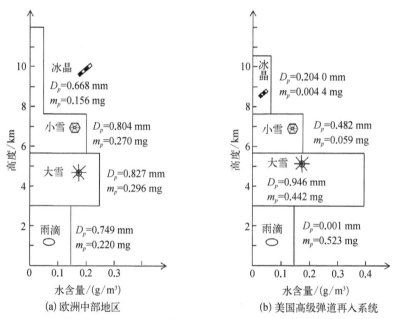

图 6.3　天气严重指数 $WSI_p = 8$ 时的天气剖面

6.2　侵蚀机理

粒子云侵蚀引起的质量损失是一项非常复杂的科学问题，涉及空气动力学、热力学、材料力学、高速撞击力学、应力波的传播理论等多个学科。自 20 世纪 80 年代以来，国内对高速飞行器再入飞行过程中的粒子云侵蚀问题进行了较系统的研究,形成了一套试验技术、理论体系及数值模拟方法。这套体系的核心就是动能流理论,即在设计关心的范围内,粒子对材料的质量侵蚀速率与打到材料表面的粒子动能流率(单位时间内打到单位面积上的粒子动能)呈正比,与材料的有效侵蚀焓(可通过地面试验测定)呈反比。

高速粒子穿过激波层到达飞行器表面,其侵蚀机理基本体现在如下三个方面。

(1)粒子/激波层干扰引起的热增量效应。在飞行器高速再入粒子云侵蚀场的过程中,进入弓形激波层的粒子在激波层中高温高压气体的作用下,承受着严酷的气动加热和机械力作用,使粒子减速、偏转和产生质量损失,其程度依赖于飞行条件、飞行器外形、粒子尺寸、粒子在激波层中的跨越距离及停留时间等。反之,当粒子浓度较大时,也会对激波层流场产生扰动,加大湍流度,使激波变形。在固态粒子情况下可能产生反弹现象,根据反弹粒子的动量大小,在反弹粒子尾迹后形成环状涡或剪切层,当传到表面时将增大驻点区域的对流加热。对于无反弹的液态粒子,其对激波层的干扰作用使激波发生变性,产生漩涡,向物面传播,在驻点区域也会产生热增量。

(2)粒子的机械碰撞侵蚀。粒子在通过激波层后仍然会以较高的速度撞击到高速飞行器表面,这种高速碰撞将会对飞行器产生严重机械侵蚀,导致飞行器质量损失。事实上,高速飞行器在受到粒子侵蚀之前,表面已经达到高温的热环境,使表面处于烧蚀状态(熔化或升华)和深度上的热解(碳化)。粒子的侵蚀造成了表面缺口,飞行器表面产生质量损失,其质量损失程度与防热材料或碳化层的强度和密度关系极大,这种强度的概念包括碰撞的状态、抗热应力、剪切力及与温度的关系等。高速飞行器表面后退率包括侵蚀和烧蚀两部分,而这两部分又是相关的。因此,在存在粒子侵蚀的情况下,对表面温度和表面形状将发生显著影响,这种影响将会涉及粒子/激波层的干扰状态,处理这种问题时,不仅要求将侵蚀与关键的热环境影响联系起来,而且要把侵蚀过程与表面烧蚀特性耦合在一起,这就是侵蚀/烧蚀的耦合问题。

(3)碰撞产生的粗糙度热增量效应。高速粒子撞击飞行器表面,使飞行器表面粗糙度增加,增大了对流加热量。在实际飞行条件下,高速飞行器表面粗糙度是影响粒子热增量的支配因素。对于粗糙面加热模型[10],是利用层流固有微观粗糙度、湍流扇形宏观粗糙度和弹坑粗糙度中的较大者来计算粗糙面加热的,一般来讲,弹坑粗糙度是最大的。该模型不仅反映了防热材料质量损失比的影响,而且还反映了粒子密度、防热材料密度和粒子直径的影响,这在物理上是合理的,但该模型忽略了粒子/流场干扰的影响,故该方法给出的结果比较接近但又低于真实结果。粒子尺度和粒子相态对热增量的影响均可归结到对粗糙度的影响差异。

在实际过程中,以上三个方面是耦合在一起的,但他们的重要性并不是平行的,机械侵蚀在再入飞行过程中占主要部分。对于另外两个方面,一般只考虑粒子/激波层干扰引起的热增量,粗糙度的影响往往在粗糙壁热流计算中加以考虑。

6.2.1   粒子的机械碰撞侵蚀

由粒子机械碰撞造成的侵蚀质量损失根据动能流理论进行计算,高速飞行器表面侵蚀速率 $\dot{S}_e$ 可以表示为

$$\dot{S}_e = \frac{E_p}{C_N \rho_m} \qquad (6.2)$$

式中,E_p 为到达物面粒子的动能流量,单位为 $J/m^2 \cdot s$;C_N 为质量侵蚀系数,即有效侵蚀焓,单位为 kJ/kg;ρ_m 为被侵蚀防热材料密度,单位为 kg/m^3。

而到达物面粒子动能流量 E_p 可表示为

$$E_p = \frac{1}{2} \rho_{p\infty} V_{p\infty} \left(\frac{m_p}{m_{p\infty}}\right) V_p^2 \sin \theta_F \qquad (6.3)$$

式中,$\rho_{p\infty}$ 为来流粒子质量浓度,单位为 kg/m^3;$V_{p\infty}$ 为来流粒子速度,单位为 m/s;$m_{p\infty}$ 为来流粒子质量,单位为 kg;V_p 为粒子与物面碰撞时的速度,单位为 m/s;m_p 为粒子与物面碰撞时的粒子质量,单位为 kg;θ_F 为有效碰撞物面角,$\theta_F = \theta - \delta_p$,$\theta$ 为物面角,δ_p 为粒子偏转角。

6.2.2   粒子在激波层中的质量和速度变化

假设粒子在斜激波后的均匀气流中运动,斜激波的倾角为 θ_S,在这种情况下,气体和粒子沿激波的速度分量 U_p 为[11]

$$U_p = U_\infty \cos(\theta_S) \qquad (6.4)$$

式中,U_∞ 为来流气体速度。

在激波法线上的速度分量为

$$V = U_\infty k \sin(\theta_S) = V_{p,0} k \tag{6.5}$$

式中，V 为激波后法线速度；k 为激波前与激波后气体密度的比值；$V_{p,0}$ 为激波前法线速度。

对于固体粒子(如冰晶或雪花)，一般考虑粒子在激波层中的速度变化(减速及偏转)，而未考虑固体粒子的质量损失。固体粒子与表面撞击时的速度分量 V_p 由式(6.6)求得

$$m_p \frac{\mathrm{d}V_p}{\mathrm{d}t} = - \frac{C_D \rho_2 (V_p - V)^2 S_p}{2} \tag{6.6}$$

式中，m_p 为粒子的质量；C_D 为阻力系数；$\rho_2 = \dfrac{\rho_\infty}{k}$，为激波后气体密度；$S_p$ 为粒子的参考面积。

在发生撞击时，粒子速度的模为 $|V_p| = \sqrt{U_p^2 + V_{p,w}^2}$，粒子速度矢量与飞行器轴线之间的夹角为 $\theta_p = \theta_S - \mathrm{arctg}(|V_p| / U_p)$。

对于液态粒子(雨滴)，一般考虑粒子在激波层中的质量损失(破碎及蒸发)，而未考虑粒子的速度变化。在计算水滴在激波层内运动和破碎时，认为水滴的轨道由如下方程描述：

$$S = BT - 0.8T^2 \tag{6.7}$$

式中，$S = \dfrac{L_p}{D_0}$ 为无量纲距离；L_p 为粒子在垂直于激波方向上的运动距离；$T = \dfrac{tu_2}{D_0} \sqrt{\dfrac{\rho_2}{\rho_1}}$，为粒子无量纲破碎时间；$t$ 为水滴在激波层内停留的时间；$u_2 = U_\infty (1 - k) \sin \theta_S$，为水滴相对于气流的初始速度；$D_0$ 为水滴的初始直径；ρ_1 为水的密度；$B = \dfrac{1}{1 - k} \sqrt{\dfrac{\rho_l}{\rho_2}}$，为无量纲因子。

水滴从进入激波层开始到与飞行器表面撞击，该过程的无量纲时间 T 可通过求解方程(6.7)得到。

假设水滴的破碎有两种机理：第一种是从水滴的表面分离出更小的水滴，即分离性破碎；第二种为粉碎性破碎。

粉碎性破碎的无量纲时间由如下公式确定：

$$T_C = \frac{45}{\sqrt[4]{We}} \tag{6.8}$$

式中，$We = \dfrac{\rho_2 u_2^2 D_0}{\sigma}$，为韦伯数，$\sigma$ 为水滴表面张力。

对于分离性破碎，水滴质量 m_S 随时间的变化公式为

$$\frac{m_S}{m_0} = \frac{1}{2}\left[1 + \cos\left(\pi \frac{T}{T_S}\right)\right] \tag{6.9}$$

式中，T_S 为分离性破碎无量纲时间。

落到所研究的表面上水滴的流量 $\dot{m}_{p,W}$ 可以由式（6.10）求得

$$\frac{\dot{m}_{p,W}}{\dot{m}_p} = \int_0^\infty \frac{m_S}{m_0} f_m(D)\, \mathrm{d}D \tag{6.10}$$

式中，$\dot{m}_p$ 为初始水滴流量；$f_m(D) = \dfrac{1}{6}\mathrm{e}^D D^3$，为水滴按尺寸大小分布的质量函数。

6.2.3 粒子对热环境参数的影响

在粒子云环境下，气动加热由于以下几个因素而产生增减：① 粒子云干扰流场使湍流度增加；② 粒子侵蚀弹坑使表面粗糙度增大；③ 天气粒子在表面气化，等效于一种质量引射，对热流有一定的阻挡作用，本节只考虑前两个因素引起的热增量[12-13]。

气流中的湍流度对驻点热流 q_{st} 有显著影响：

$$q_{st}/q_{st,l} = 0.23 Q_e^{0.27} + 1 \tag{6.11}$$

$$Q_e = \frac{3}{2}\beta\alpha^2 u_{g,\infty}^2 \Big/ \left(\frac{\mu_g}{\rho_g}\frac{\mathrm{d}\mu_g}{\mathrm{d}x}\right)_e \tag{6.12}$$

式中，μ 为黏性系数；β 为驻点压力梯度系数 $[\beta = (2\xi/u_{g,c})(\mathrm{d}u_{ge}/\mathrm{d}\xi)]$；下标 l 指无湍流脉动；下标 e 指边界层外缘；α 是气流的湍流度，在无粒子情况下，它等于来流湍流度 α_F，有粒子时，$\alpha = \alpha_F + \Delta\alpha_p$，其中 $\Delta\alpha_p$ 是粒子干扰流场引起的湍流度增量。

Hove 等认为,表面粗糙度 k 对热流的影响,可用等效湍流度增量 $\Delta\alpha_R$ 代替:

$$\Delta\alpha_R = 0.81\left(k/\delta\right)^{\frac{3}{4}}\left(\rho_{g2}u_{g2}D/\mu_{g2}\right)^{0.15}\left(\mu_{g2}\frac{\mathrm{d}u_{g2}}{\mathrm{d}x}\Big/\rho_{g2}u_{g2}^2\right) \tag{6.13}$$

对于边界层动量厚度 δ,若采用高超声速近似, $\Delta\alpha_R$ 可表示为

$$\Delta\alpha_R \approx \left(2.38k/D\right)^{\frac{3}{4}} \tag{6.14}$$

在弹道靶中进行的一系列试验表明,用式(6.11)~式(6.14)的方法处理粒子云侵蚀条件下的热流,对于球头模型是适用的。

在飞行条件下,粒子密度很低。这时,粒子干扰引起的湍流度增量 $\Delta\alpha_p$ 的出现是断续的。这时,总等效湍流度的平方平均可表示为

$$\alpha^2 = \psi\left(\alpha_F + \Delta\alpha_p + \Delta\alpha_R\right)^2 + \left(1 - \psi\right)\left(\alpha_F + \Delta\alpha_R\right)^2 \tag{6.15}$$

式中, ψ 为 $\Delta\alpha_p \neq 0$ 的时间常数。

粒子干扰引起的湍流度增量主要在粒子的尾流中。设 Ω 为尾流的大小与粒子体积之比, ε 为流场中粒子所占的体积分数, ϕ 为质量分数,下标∞指头激波前的参数,则 ψ 可表示为

$$\psi = \Omega\varepsilon_\infty \approx \Omega\varepsilon_\infty \approx \Omega\phi_\infty\rho_{g\infty}/\rho_p \tag{6.16}$$

粒子除影响气动加热外,它本身(以及被它侵蚀下来的碎片)也直接参加了表面能量平衡,最终也会影响烧蚀速率。

6.3　评估方法

6.3.1　烧蚀/侵蚀耦合计算

烧蚀与侵蚀有多方面的耦合,使整个问题变得异常复杂。根据对已有试验结果的分析和国内外文献的调研,可将烧蚀/侵蚀问题分解为如下几个环节:① 输入天气环境参数及天气剖面;② 计算流场及热环境参数;③ 计算烧蚀及温度场;④ 计算粒子与激波层的相互作用;⑤ 计算粒子对表面的侵蚀;⑥ 计算烧蚀/侵蚀叠加及外形变化。

各种耦合关系见图 6.4[1,14]。

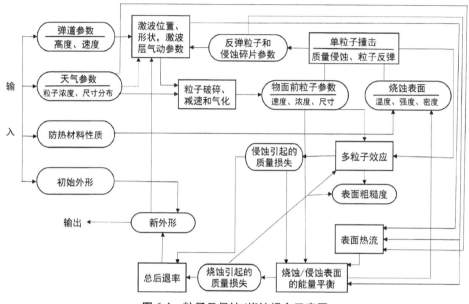

图 6.4　粒子云侵蚀/烧蚀耦合示意图

6.3.2　侵蚀试验评估

1. 地面侵蚀试验方案

由于地面试验设备的限制,无法完全模拟飞行环境,在制定地面侵蚀试验总体方案时,其指导思想是:力争使地面试验反映飞行侵蚀过程的物理本质;对不同类型设备提出不同的模拟参数要求,然后对不同设备得到的试验数据加以综合分析;在综合分析中贯彻以工程解决为主的原则。

侵蚀试验所研究的主要是粒子直接撞击物面的侵蚀作用产生的后退量。研究表明,在实际飞行中,粒子通过激波层到达物面,撞击物面前可以产生较明显的速度和能量损失,而地面试验流场中的这部分是可以忽略不计的,但就这一点而言,地面试验给出了较严重的侵蚀结果。计算结果还表明,在天上,对于直径小于 $50~\mu m$ 的粒子,其穿过激波层时的速度和质量损失都很严重,不会对高速飞行器造成侵蚀影响;直径大于 $50~\mu m$ 的粒子,均有可能完整穿过激波层达到物面,对飞行器造成侵蚀威胁。因此,在地面试验中,如果粒子直径在 $50~\mu m$ 以下,其造成的侵蚀作用可能是偏严重的,最好使粒子直径大于 $50~\mu m$,与天上情况接近。

1) 关于模拟准则的讨论

前面已经提到,侵蚀试验所研究的主要是粒子撞击物面的侵蚀效应。在碰撞力学中,最重要的参数是粒子的动能通量。已进行的研究表明,在一定的粒子动能流范围内,高速飞行器防热材料的质量损失比或质量侵蚀系数,与粒子的动能流呈正比。这就是说,在一定范围内,粒子动能通量固定时,粒子速度和浓度的变化并不引起质量损失比的显著变化,这表明用粒子动能流作为地面试验模拟准则在一定条件下是有效的。如果地面试验模拟所用的粒子与天然粒子有相同的 $\dfrac{G}{\frac{1}{2}V_p^2}$($G$ 为质量损失比;V_p 为粒子速度),则地面试验中获得的 $\dfrac{G}{\frac{1}{2}V_p^2}$(或 C_N),可以近似应用于高速飞行器的抗侵蚀设计。

对这个模拟准则的数值评估表明,当应用单粒子碰撞试验整理数据时,粒子侵蚀引起的物面后退量 ΔS 基本上与粒子动能通量 E_p 成正比;当 E_p 一定时,ΔS 随着 V_p 的增加而略有下降,这主要是因为此类试验中不存在多粒子耦合和烧蚀与侵蚀的耦合。当应用弹道靶试验(侵蚀场长度足够长)结果整理数据时,ΔS 基本上与 E_p 呈正比,当 E_p 一定时,ΔS 随着 V_p 的增加而略有增加。当应用高速气流(如固液发动机、电弧加热器加粒子试验等)试验结果整理数据时,粒子动能通量模拟准则的使用范围对粒子速度和浓度有一定的限制。

根据这样的分析,可以将地面侵蚀试验大体分为如下三类。

(1)单粒子撞击试验。主要用于研究粒子撞击物面的侵蚀破坏机理,通过这类试验还可给出粒子侵蚀的速度阈值等。

(2)烧蚀/侵蚀试验。主要用于研究有烧蚀情况下的侵蚀效应,为分离烧蚀效应,要组织进行有粒子和无粒子条件下的对比试验。在这类试验中,气流的热参数(如热流密度、焓值等)要能使材料产生明显的烧蚀热效应,粒子的速度 V_p 应明显高于材料的侵蚀阈值,粒子的浓度 C_C 要尽可能接近天上的情况。国内用于烧蚀/侵蚀的地面设备主要有固液发动机和电弧加热器等。

(3)侵蚀模拟试验。主要指弹道靶,利用它可以进行较高速度(如 V_p 为 1~4 km/s 以上)及雨、雪等环境下的侵蚀试验。对这类试验的主要要求是侵蚀试验区长度足以使覆盖度大于临界值。

通过三类地面试验,可以互补不足。然后通过试验结果的综合分析,将质量损失比或质量侵蚀系数作为粒子速度、浓度的双值函数,制成函数表,通过计算粒子动能流和插值得到侵蚀系数,则可给出基于地面试验结果的粒子动能流概念的侵蚀性能。在目前的技术条件下,采用粒子动能流通量的模拟概念是可取的,而根据侵蚀的撞击力学研究结果,要找到完全通用的模拟准则来描述烧蚀/

侵蚀现象是困难的。

2）关于侵蚀速度阈值

单粒子碰撞试验结果表明,高速粒子对防热材料的侵蚀中确实存在速度阈值,即当粒子速度达到一定值后,粒子碰撞引起的高速飞行器防热层质量损失明显增加。尽管这个值不能被认为就是天上飞行中的实际侵蚀阈值,但它可能比高温表面和粒子连续碰撞产生的速度阈值偏高。因此,如果在电弧加热器加粒子或固液发动机及弹道靶自由飞等试验中,粒子速度明显高于单粒子试验中获得的速度阈值,则在地面试验中,粒子对物面的碰撞效应反映了实际飞行中的物理本质,此类试验是有意义的。根据地面试验结果,一般情况下,侵蚀试验过程中至少要求粒子速度 $V_p \geqslant 1\,000$ m/s。

3）关于临界覆盖度

研究结果发现,随着覆盖度 θ_b 值的不断增大,粒子侵蚀过程可分为三个性质各异的碰撞区域(不连续碰撞区、过渡区和多重连续碰撞区)。起初,随着再入过程的推进,覆盖度逐渐增加,侵蚀现象渐趋严重,待 θ_b 增至某一临界值(常以 θ_b^* 表示)后,质量损失比不再与覆盖度相关,如图 6.5 所示。

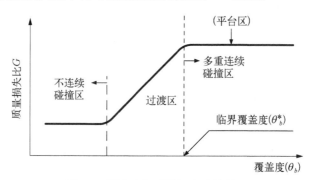

图 6.5 覆盖度与质量损失比的关系

由于电弧加热器试验和固液发动机试验中,粒子浓度一般比在天上时偏大,较易达到临界覆盖度。对于弹道靶一类的自由飞行试验,在侵蚀区长度及雨(雪)屏设置上,必须考虑这个问题。因此,对弹道靶试验的要求是,确保使模型覆盖度大于临界值,并力争消除某些动态响应对侵蚀过程的影响,在此前提下,尽可能模拟真实飞行环境中的粒子浓度。

4）关于不同种类粒子对侵蚀效应的影响

天候中的粒子都是水蒸气凝结物,如冰晶、雪花、雨滴等。但在烧蚀/侵蚀试验中很难采用这类天然粒子,需要研究不同种类粒子对侵蚀效应的影响。通过单粒子碰撞试验设备进行的侵蚀试验研究结果表明,在粒子速度较高时,液滴与固体粒子对靶材有基本相同的侵蚀能力。对靶材的微观分析表明,液滴对靶材的破坏机理与固体粒子类似。这也说明,粒子动能对靶材表面的破坏作用,是物面产生质量损失的主要机理。因此,在地面烧蚀/侵蚀试验过程中,选用石墨粒子(对电弧加热器)和金属氧化物粒子(对固液发动机)。

5) 关于模型的钝度效应

在地面试验中,模型的钝度总是小于实际高速飞行器的端头帽尺寸,因此需要研究侵蚀模型的钝度效应对侵蚀性能的影响。利用电弧加热器和固液发动机进行相同状态下不同钝度试验件的侵蚀性能对比试验,研究结果表明,随着头部钝度的减小,模型的驻点后退率、平均质量损失率均呈增加趋势,说明利用小钝度模型地面试验给出的结果比实际再入的情况偏严重,以地面试验数据关联的侵蚀系数用于抗侵蚀性能评估或设计是安全的。

2. 地面侵蚀试验技术

1) 电弧加热器粒子侵蚀试验

该类试验是在电弧加热器超声速喷管的入口注入石墨粒子,粒子经喷管加速后撞击防热材料,同时产生烧蚀/侵蚀现象。这类试验设备主要包括电弧加热器、喷管和粒子播发系统(粒子播发前后的流场照片如图 6.6 所示)[15]。

图 6.6　粒子播发前后的流场照片

端头帽材料烧蚀/侵蚀试验主要用于考核防热材料在烧蚀/侵蚀耦合作用下的抗侵蚀性能,试验完成后,材料的有效侵蚀焓性能数据可以通过如下公式获得

$$C_N = \frac{E_p}{\dot{m}_{2t}} = \frac{\frac{1}{2}C_C V_p^3}{\dot{m}_{2t}} \tag{6.17}$$

式中,$\dot{m}_{2t}$ 为模型质量侵蚀率,单位为 kg/s;C_C 为粒子浓度,单位为 kg/m³。

2) 固液发动机侵蚀试验

　　固液发动机集中了固体、液体两种发动机的优点,它既能根据需要加入不同粒径、浓度的粒子,又能对防热材料产生显著的高温烧蚀/侵蚀效应。该项试验技术的主要目的是验证电弧加热器的侵蚀试验结果,目前,已经很少采用该项试验技术来研究高速飞行器的抗侵蚀性能。

　　3)弹道靶侵蚀试验

　　弹道靶侵蚀试验是指利用二级轻气炮把试验模型瞬间加速到指定的速度,试验模型以高速穿过粒子侵蚀场,回收试验模型后通过计算模型试验前后的质量损失比来获得端头帽材料的有效侵蚀熵性能数据。弹道靶侵蚀试验可以模拟雨滴和雪等自然气候粒子的侵蚀场,试验条件比较接近真实情况,因此目前一般通过弹道靶侵蚀试验来获得端头帽材料的有效侵蚀熵性能数据。

　　弹道靶侵蚀试验系统包括发射系统、测速及控制系统、阴影照相系统、雨滴侵蚀系统、雪侵蚀系统、模型/弹托系统、模型回收系统、模型参数测量系统等,自由飞弹道靶靶室及测量系统见图6.7[16]。

图6.7　自由飞弹道靶靶室及测量系统

　　雨侵蚀场主要由多个粒子屏组成,粒子屏置于模型飞行的途径上,粒子屏间的距离可根据试验要求进行调整,每个粒子屏上按照试验要求(包括粒子间距和粒子直径)布置均匀分布的雨滴。雨侵蚀场的参数选择应首先满足模型的复盖度 θ_b 大于临界复盖度 θ_b^* 这一条件;同时应对粒子屏的粒子间距进行控制,消除一次碰撞中雨滴间的动态干扰;还应控制屏间距离,消除模型与粒子屏连续碰撞间的干扰,避免产生遮光效应。

雪侵蚀场主要由雪发生器组成,通过撞击雪发生器的支架使冰雪晶下落形成雪花,并通过摄像或照相来测定雪场密度及雪花降落速度。雪场密度主要是通过测定雪场面积和落雪质量的方法获得。一般通过调整雪发生器间距及单站产雪量,实现试验状态要求的雪场质量、浓度和覆盖度技术要求。

试验后,材料的有效侵蚀熵性能数据可以通过如下公式获得

$$C_N = \frac{V_p^3}{2G\overline{V}_p} \tag{6.18}$$

式中, $V_p^3 = \left(\sum_{j=1}^{J} V_{pj}^3 \right) \Big/ J$, J 表示从侵蚀场入口到出口的速度测试点数; $\overline{V}_p$ 为模型飞越侵蚀场的平均速度; $G = (M_1 - M_2 - M_3)/M_e$,为模型的质量损失比, M_1 为试验前的质量, M_2 为回收后的质量, M_3 为考虑回收过程中的附加损失质量, M_e 为碰撞粒子总质量,可以由粒子屏上单位面积上的粒子数、粒子屏数和模型头部截面大小来确定。

3. 自由飞侵蚀试验技术

前面章节主要介绍了抗粒子云侵蚀地面试验技术情况,在地面试验研究结果的基础上,加深了对天气侵蚀机理的认识,同时也建立了数学模型和分析程序。但是,真实气候条件下的侵蚀情况到底如何? 理论计算和地面试验结果的准确性如何? 建立的理论方法和试验模拟技术是否可靠? 为了解决这一问题,就需要开展真实气候条件下的模型自由飞抗侵蚀试验。

国内外均开展过自由飞侵蚀试验研究,一般均采用二级到三级火箭自由飞作为试验手段,利用上升段,将试验模型加速到 3 km/s 左右的速度,对应飞行高度为 3~5 km,穿越云雨,进行高速飞行器全尺寸端头或缩比模型的烧蚀/侵蚀试验。相对于弹道靶试验,自由飞侵蚀试验更接近全尺寸构型的气动力外形模拟,能够更好地模拟马赫数和雷诺数的大小及其变化过程;另外,烧蚀环境中形成的驻点压力较高,并且便于进行综合性考核等。

自由飞侵蚀试验比较复杂,相当于一次型号飞行试验,该试验系统一般包括火箭运载器系统、回收系统、大气环境探测系统和外测系统。

(1) 火箭运载器系统一般采用二级或三级火箭。自由飞侵蚀试验不同于一般的飞行试验,它利用上升段弹道穿越云雨等以获取高速飞行器侵蚀数据的试验,因此对火箭系统的原则要求是:必须迅速加速,很快达到材料的侵蚀速度阈值;要在云雨区达到高速飞行,而且要有足够时间的高速侵蚀飞行段,使防热材

料产生明显的侵蚀响应;发射角应比较小,满足长时间云雨区的飞行要求。

(2)回收系统主要用于回收高速飞行器端头侵蚀模型,一般由回收伞及开伞控制系统组成,回收伞应保证完好回收端头,并且要求目标醒目,便于寻找。

(3)大气环境探测系统是自由飞侵蚀试验的重要组成部分,也是试验成败的关键之一,它的任务是为自由飞侵蚀试验选择适宜的天气条件,适时地获取自由飞侵蚀试验所需的宏观和微观大气环境参数,可采用常规地面观测、高空探测、卫星探测、雷达探测及飞机探测等技术手段。

(4)外测系统主要是为了准确测得自由飞侵蚀试验模型的飞行弹道参数,这对于试验结果的分析,保证大气环境探测系统和火箭飞行参数在时空上的对应非常重要。因为不仅需要在晴朗的天气下测量,还需要在云雨天气条件进行测量,这些测量比飞行试验还要困难。

参考文献

[1] Wolf C J, Nardo C T, Dahm T J. Passive nosetip technology (PANT) program, volume 22: coupled erosion/ablation of reentry materials[R]. Los Angeles: Air Force Space and Missile Systems Organization, 1975.

[2] Rafinejad D, Derbidge C. Passive nosetip technology (PANT) program, volume 17: computer user's manual: erosion shape (EROS) computer code[R]. Los Angeles: Air Force Space and Missile Systems Organization,1974.

[3] Abbett M J, Cooper L, Dahm T J, et al. Passive nosetip technology (PANT) program, volume 9: unsteady flow on ablated nosetip shapes-PANT series test and analysis report[R]. Los Angeles: Air Force Space and Missile Systems Organization,1973.

[4] Henderson C B. Drag coefficients of spheres in continuum and rare fiedflows[J]. AIAA Journal, 1976, 14(6): 707 - 708.

[5] Schneider P. Reentry weather erosion simulator[C]. Aerodynamic Testing Conference, San Diego, 2013.

[6] Conover J H, Bunting J T. Estimates from satellites of weather erosion parameters for reentry systems[R]. NASA S/Recon Technical Report N, 1977.

[7] Bunting J T, Touart C N. Horizontal scale variations in satellite estimates of weather erosion parameters for reentry systems[R]. Air Force, 1980.

[8] Zhang H. The similarity law for weather erosion and the experimental simulations[J]. Acta Aerodynamica Sinica, 1990, 8(2): 124 - 128.

[9] Talan M, Hourmouziadis J. Characteristic regimes of transitional separation bubbles in unsteady flow[J]. Flow Turbulence & Combustion, 2002, 69(3 - 4): 207 - 227.

[10] 姜贵庆,刘连元.高速气流传热与烧蚀热防护[M].北京: 国防工业出版社,2003.

[11] Reinecke W G, Waldman G D. Shock layer shattering of cloud drops in reentry flight[C]. American Institute of Aeronautics and Astronautics, Aerospace Sciences Meeting,

Pasadena，1975.

［12］中国人民解放军总装备部军事训练教材工作委员会，张涵信，张志成.高超声速气动热和热防护［M］.北京：国防工业出版社，2003.

［13］Hove D T. Reentry vehicle stagnation region heat transfer in particle environments［C］. American Institute of Aeronautics and Astronautics，Aerospace Sciences Meeting，Los Angeles，1977.

［14］刘大有，吴承康.粒子云侵蚀的机理分析［J］.空气动力学学报，1990，8(4)：452－457.

［15］欧东斌，陈连忠，曲德军，等.电弧加热器驻点烧蚀/侵蚀试验技术［J］.宇航材料工艺，2010，4：68－70.

［16］焦德志，黄洁.200 m 自由飞弹道靶升级改造［J］.实验流体力学，2014，28(2)：95－98.

第7章

热防护设计

7.1 热防护设计的要求

随着未来高速飞行器的发展,要求飞行器具有强突防、大威力、高精度、低成本、再入机动飞行能力,这对飞行器热防护技术提出了更高的要求,需要提高或突破现有热防护技术以满足未来发展的需要,主要如下。

(1)维持气动外形要求:烧蚀侵蚀量满足总体需求,在严酷的气动加热条件下不被烧毁,气动外形变化满足飞行器的总体要求。

(2)维持内部温度要求:隔热性能好,在长时间气动加热条件下的内部温升小,内部装置设备处于良好的工作环境中。

(3)轻质化要求:轻质维形,尽量选用轻质热防护设计方案,热防护系统总质量占飞行器总质量的比例能够满足飞行器总体设计的要求。

(4)承载或载荷传递性能要求:强度高,抗热应力性能好,能经受严酷的力、热载荷综合作用而不破坏。

(5)高温电磁透波要求:烧蚀产物中的碱金属或碱土金属杂质含量满足一定要求,力求减小飞行过程中等离子鞘套的电子密度和尾迹的长度,以利于减少通信中段的时间并满足突防的要求。

(6)储存期要求:在规定的储存条件下,储存期内的防热产品的性能在规定范围内变化。

除满足上述基本要求外,热防护设计还必须十分关注结构与材料的相容性。既要考虑热防护系统各部位防隔热性能的匹配,又要求热防护系统作为飞行器的一部分,与承力系统相匹配,使之成为一个有机的整体。任何一个热防护方案及其所选材料都不可能具有上述全部功能,飞行器各部位不同,热防护要求的功能也不同,必须根据不同部位的特点,在满足主要要求的情况下进行优化设计。

7.2 热防护设计的依据

热防护设计依据主要有:飞行器气动外形、飞行轨迹、飞行天候条件、气动热环境、弹头承力结构及其装填物允许的使用温度、对防热层厚度/质量及其偏差的要求、载荷条件、烧蚀量要求、储存期、可靠性要求等。其中,气动热环境是热防护设计的主要依据,气动热环境作为边界条件加载在热防护系统,向材料内部传热。

气动热环境是研究高超声速流对飞行器表面的加热问题,主要是高温气流的传热问题。飞行器表面的气动加热受外形及飞行轨迹的直接影响,可以采用Anderson 近似公式来说明再入气动加热量的大小和主要决定因素[1]。高速飞行器表面热流密度 q_w 可以采用式(7.1)进行估算:

$$q_w = \rho_\infty^N v_\infty^M C \tag{7.1}$$

式中,q_w 为表面热流密度(W/cm^2);ρ_∞ 为自由流密度(kg/m^3);v_∞ 为自由流速度(m/s)。

一般情况下,式(7.1)中,$M=3$,$N=0.5$,而针对不同外形及流态情况,C 取不同数值。通过上面的公式分析高速飞行器气动加热量的大小和主要影响因素,可以得到下列定性规律。

(1)飞行器表面热流密度近似与飞行速度的 3 次方呈比例,而气动阻力约与速度的平方呈比例。因此,在高速飞行器设计中,气动加热问题显得更为突出。

(2)飞行器表面热流密度与周围大气密度的 0.5~0.8 次方呈比例,因此以同样的速度飞行时,飞行高度越高,气动加热越小。例如,美国的航天飞机由火箭垂直发射,在高空达到高速时,空气密度低,气动加热问题相对并不突出;研究中的吸气式空天飞机需要在大气层中倾斜上升并获得高速,上升段气动加热问题比火箭推进的航天飞机突出;上述两种类型的飞行器在再入段均采取滑翔式飞行,在高空飞行时很快减速,均出现显著的气动加热现象。

(3)飞行器驻点(stagnation point),即流体流动受阻挡的中心点处的热流密度较其他部位更大,且近似与头部半径的 0.5 次方呈反比。因此,早期的导弹、航天飞机等都采用较大头部半径,以减小表面热流密度。以高超声速钝体绕流场为例,在驻点区,气体运动的动能几乎全部转化成内能,气体的温度最高,对飞行器表面加热的热流密度最大。驻点区下游声速点以下,边界层中存在温度梯度、热传导和扩散传热,边界层对飞行器表面的对流加热是主要的,求解边界层方程成为求解气动热环境的中心内容。

(4)飞行器再入过程中,表面流态将从层流转变成湍流,同一位置的表面热流密度将增加数倍。

随着飞行器性能的提高,气动热的研究内容不断更新、扩展和深化。从早期二维简化外形(如平板、驻点、圆柱)的气动热计算,发展到如航天飞机等这种复杂外形的气动热计算;从低速的边界层传热计算扩展到包括有质量引射和热化学反应的传热计算;从附着流气动热特性分析扩展到分离流的气动热分析,从光滑壁的气动热扩展到粗糙壁的气动热;从边界层相似性解法扩展到全 N-S 方程的数值模拟。

气动热的发展紧紧围绕着三大技术领域,一是工程方法,特点是简便快速;二是数值模拟技术,对流场的描述精细且费用低;三是地面测热试验技术,较为直观但是费用相对较高,一般用于验证设计方法和研究气动热的规律[2]。有许多理论和经验方法可以用来预测再入飞行器的热环境,有近似的快速估算方法,有精确的数值计算方法,可以在型号不同的设计阶段选择不同的方法[3]。

由于高速飞行器的驻点加热特别重要,人们对此进行了许多研究,给出了许多在工程设计中可供使用的计算公式,应用最广的是 Fay-Riddell 公式:

$$q_{ws} = 0.763 Pr^{-0.6} \left(\frac{\rho_w \mu_w}{\rho_s \mu_s} \right)^{0.1} \sqrt{\rho_s \mu_s \left(\frac{\mathrm{d}u_e}{\mathrm{d}x} \right)_s} \times \left[1 + \left(Le^{0.52} - 1 \right) \frac{h_d}{h_s} \right] (h_s - h_w)$$

$$(7.2)$$

式中,h_s 为驻点处的气体显焓(kJ/kg);h_w 为壁面焓(kJ/kg);h_d 为空气平均离解焓,定义为 $h_d = \sum_{i=0}^{N} C_{is} h_i^0$。

式(7.2)是根据轴对称体高速边界层的基本方程,利用相似求解,给出的零攻角钝头轴对称平衡边界层条件下的驻点热流密度公式。该公式适用于 $Pr = 0.71$,$Le = 1.0 \sim 2.0$,$\frac{\rho_s \mu_s}{\rho_w \mu_w} = 0.17 \sim 1.0$,总焓 $h_s = 1\,549 \sim 24\,158$ kJ/kg,表面温度 $T_w = 300 \sim 3\,000$ K 的情况。

式(7.2)中,$\left(\frac{\mathrm{d}u_e}{\mathrm{d}x} \right)_s$ 是驻点外缘速度梯度,在高超声速情况下可以用牛顿修

正公式计算:

$$\left(\frac{\mathrm{d}u_e}{\mathrm{d}x}\right)_s = \frac{1}{R_n}\sqrt{\frac{2\left(p_s - p_\infty\right)}{\rho_s}} \tag{7.3}$$

式中, R_n 为驻点曲率半径。

对于非轴对称体驻点热流密度,采用如下三维公式计算: $q_{ws,3D} = \sqrt{\frac{1+k}{2}}q_{ws}$,其中三维影响因子 $k = \frac{R_x}{R_z}$ 。

7.3　热防护设计的流程

热防护系统设计需要结合飞行器气动外形、飞行轨迹及热防护设计要求等约束,通过分析总体要求及使用环境特点,经过材料方案选择、多方案对比及理论计算分析之后得到热防护方案、厚度分布等输出数据,完成防热产品的结构设计。同时,就防热方案确定工艺实施方案,制定防热产品验收技术条件等内容,完成方案考核验证(图 7.1),并将防热厚度、材料体系及重量等信息传递给总体及结构专业进行整个飞行器的优化设计[4-5],热防护系统设计的输入-输出关系如图 7.1 所示,热防护系统设计流程如下。

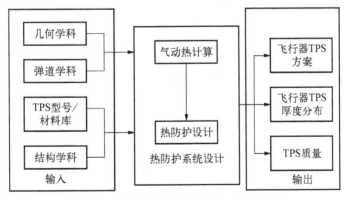

图 7.1　热防护系统设计的输入-输出关系

(1) 分析热防护设计要求,确定设计状态。

分析提出的热防护设计总体要求,判断外形、分段位置、飞行轨迹等设计条件是否齐全,热防护系统及各防热部件的尺寸、质量、防隔热效果、可靠性、储存期等要求是否明确、合理。分解总体设计要求并初步确定热防护设计状态。

（2）进行气动热环境计算。

根据飞行器外形尺寸、飞行轨迹计算不同部段的气动热环境，为热防护设计提供依据。

（3）确定防热材料方案。

根据热环境、部段尺寸、允许的质量选择防热材料和防热结构，选择防热部件材料方案时，应全面考虑部件对烧蚀、隔热、承载、抗侵蚀、透波等各方面的性能需求，不片面追求单一性能的高指标。防隔热计算应优先采用标准规定的计算方法，其次采用经过必要试验验证（飞行试验或地面试验）的计算方法。

（4）确定防热理论计算厚度。

进行烧蚀温度场计算，确定防热层的理论计算厚度，理论上，防热层厚度由烧蚀和隔热性能决定，但在工程设计中，要考虑热环境参数、烧蚀和隔热计算中的误差，以及复合材料实际存在的因生产工艺波动带来的材料性能波动和机械加工的各种偏差，在端头还应计算粒子侵蚀量，考虑烧蚀-侵蚀的耦合影响。不同部段和局部结构要保证烧蚀过程中表面平滑。

（5）需开展验证的相关技术点。

根据热防护设计方案，梳理出影响方案成立与否的关键技术点，并对关键技术点进行详细分析，梳理出需开展前期原理性验证试验的相关工作，并积极策划相关试验的实施。依据方案开展试验策划，对新材料、新工艺、新设计及新计算方法开展必要的技术攻关和试验验证。

飞行器热防护系统设计完成后，可得到以下数据：① 飞行器表面的热防护系统分布；② 各分区热防护系统的厚度与质量；③ 整个飞行器热防护系统的总质量；④ 最大驻点、非驻点温度及各分区热防护系统的温度响应。可以将这些数据及信息传递给其他学科的工作人员，完成后续的总体设计工作。

7.4　热防护设计的原则

热防护设计的原则主要如下[6]。

（1）关于热防护设计方法、防热材料、产品制作工艺，尽量利用和继承成熟设计经验和技术，若采用新方法、新材料、新技术，则应经过充分的论证、试验、鉴定后方可采用。

（2）热防护设计要考虑一定的设计裕度，保证热防护设计的可靠性。

（3）在保证防热可靠的前提下，尽可能降低成本，力求制造方便和结构简单。

（4）需要考虑热防护设计与结构系统等相关接口的协调性。

7.5　热防护设计的材料体系

目前，高速飞行器广泛使用的材料体系主要有硅基材料、碳基材料和陶瓷基防热复合材料。其中，硅基材料主要包含高硅氧/酚醛、玻璃/酚醛、石英/酚醛及由多种纤维和不同树脂制成的复合材料。硅基材料具有较好的烧蚀性能而且热导率低，在热流较大、再入时间中等的情况下最适合应用，但如果不能使其表面形成液态层，也就无法充分利用它熔融和蒸发的热效应，只能当作隔热材料使用，不能做到物尽其用。碳基材料是以碳为主要成分的复合材料，主要包括碳/酚醛、碳/碳和石墨等。碳基材料主要利用碳的升华潜热高和表面热辐射高的特点，必须在高热流下才能充分发挥其作用，如果加热环境不足以使其表面达到材料的升华温度，防热效果将大打折扣。

近年来，发展的低烧蚀/非烧蚀碳碳复合材料在升华温度以下的抗烧蚀性能较以上碳碳材料得到了幅度改善，成为超高温低/非烧蚀防热材料体系的主要材料之一。陶瓷基防热复合材料是以陶瓷材料作为基体，采用碳纤维、碳化硅纤维、石英纤维和其他耐热陶瓷纤维或织物增强，通过浸渍、热压或气相沉积等工艺制备的复合材料。传统的陶瓷基复合材料主要有碳石英、石英/石英等。近年来，随着航天临近空间飞行器、可重复使用飞行器等新型高速飞行器的发展，还发展出了 C/SiC、SiC/SiC、纤维增强超高温陶瓷基复合材料等具有高温长时抗氧化及非烧蚀特性的新型陶瓷基复合材料。

由于高速飞行器不同部位的气动热环境不同，甚至功能需求也不同，通常需要选取不同的材料体系。端头位于高速飞行器的顶端，气动热环境最为严酷，对防热材料的烧蚀性能要求较高，一般采用具有良好抗烧蚀性能的碳/碳或者碳石英复合材料；对于热环境温度较低或者对烧蚀外形变化要求不高的飞行器，可以选用硅酚醛、石英/酚醛等树脂基防热材料。而对于新型的临近空间飞行器或者可重复使用飞行器，端头要求长时间非烧蚀，新型陶瓷基复合材料较为适用，此外，飞行速度和飞行距离进一步增加时，低烧蚀/非烧蚀碳碳复合材料也是较好的选择。

　　大面积是高速飞行器的主要热防护设计部位,一个良好的大面积热防护设计应尽量具有最小的质量、最薄的厚度,因此在大面积防热设计中,要求选取的防热材料具有较小的烧蚀速率、较高的隔热性能和较低的密度。大面积防热设计通常选用树脂基防热材料,按照热环境温度的高低可以选用高硅氧/酚醛、玻璃/酚醛、石英/酚醛或者碳酚醛类材料。为适应较长时间的飞行环境,还可以选择在以上防热材料基础上通过改性发展出来的超低密度的轻质碳基材料或者硅基材料。在临近空间和可重复使用飞行器领域,一般选择陶瓷基复合材料搭配隔热瓦或纳米隔热材料的材料方案,对于飞行时间不长、热环境温度适中、允许低烧蚀的临近空间飞行器,改性的碳基或者硅基材料也是较为适用的材料体系。

　　高速飞行器最主要的特点是长时间在大气层中机动飞行和在再入末段实现机动变轨,而完成该动作的关键部件是突出飞行器表面的活动部件,由于其周围流场异常复杂,各部位的热环境分布相差较大,活动部件热防护材料体系的选取难度较大。对于活动部件的前缘部位,其热环境量级水平与端头相当甚至更高,因此可选择的材料体系可参考前缘处;对于活动部件的面区域部位,通常需要综合考虑与前缘的烧蚀匹配性及隔热要求,选择石英/酚醛、高硅氧/酚醛等硅基材料或者改性硅基材料,而碳/酚醛材料热导率较高,能够发挥潜能的温度下限也高,通常不是活动部件面区域防热材料的优选。飞行器对高升阻比、轻质化的要求进一步提高,以及可重复使用飞行器要求防热材料具有可重复使用性能,C/SiC、SiC/SiC、纤维增强超高温陶瓷等新型陶瓷基复合材料及低烧蚀/非烧蚀碳/碳材料可以作为活动部件的主要首选材料体系。

　　高速飞行器局部窗口是实现飞行器与外界通信的关键防热部件,集防热、承载、透波/透光等功能于一身。从功能上分,局部窗口主要有天线窗口和光学窗口。天线窗口通常选用具有优良的力学、介电和烧蚀性能的石英材料体系,比石英材料体系耐温等级更高的氮化物纤维增强复合材料也是未来可供选择的材料体系之一。光学窗口一般选择石英玻璃,在低热流环境条件下,天线盖板还可采用聚四氟乙烯及其复合材料体系。

7.6　热结构设计

　　高速飞行器在出入大气层或持续在空间飞行时,将承受巨大的气动力和气动热。气动力是指大气压力和表面摩擦力,分别对飞行器产生升力和阻力;而气动热则直接为结构所感受,成为热载荷。气动热能使结构材料的力学性能降低、作用应力减少,以致发生蠕变,而结构部件之间的相互约束在热载荷作用下,又将在结构中产生应力,从而使变形加剧并造成翘曲,且使蠕变特性产生变化。同时,温度的交替变化也会激起结构的热振动以至颤振,因此高速飞行器的热结构和热防护结构设计除了关系到力学问题以外,也关系到热学和材料科学的问题。

　　针对近年来发展的高速飞行器,飞行器关键部件(如端头、翼前缘、头锥)的热结构设计尤为重要。NASA Glenn 研究中心提出以超高温陶瓷材料作为头锥结构的备选材料[7]。在 SHARP 计划中,美国对由超高温陶瓷材料制成的尖化头锥性能成功进行了飞行验证考核,如图 7.2 所示。对于新型高速飞行器,活动部件也要求热防护系统尽可能具有防热和承载的双重功能,美国的 HTV-2 采用抗氧化 C/C 制成承载式气动外壳,可活动部件大多采用抗氧化 C/C 或者 C/SiC 材料的整体式或组合式结构形式。硼基超高温陶瓷材料不仅有耐高温能力,而且也有高的热导率,驻点附近进入表面的对流热能在翼前缘向冷端传导,并通过热辐射返回到环境中[8]。这种现象与被动热管类似,在温度梯度的驱使下向后端传导,最后离开系统,如图 7.3 所示。前缘材料的热导率越高,这种热

图 7.2　超高温陶瓷前缘部件

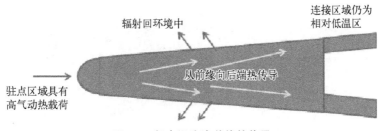

图 7.3　超高温陶瓷前缘热传导

传导过程就越明显,对降低热结构温度、降低结构由温度梯度产生的热应力的积极作用越明显,超高温陶瓷前缘热结构试验前后照片见图7.4。

图7.4 超高温陶瓷前缘热结构试验前后照片

而对于大面积区域,近年来发展的高速飞行器要求热防护材料/结构兼具高温非烧蚀、高效隔热、轻质可靠等功能。一种理想的设计方案是通过结构分区设计实现上述不同功能,即表层非烧蚀防热,内层高效隔热,不同温区使用不同的隔热材料,并能有机地结合为一个整体。该设计方案的关键问题在于如何在实现不同材料间的匹配协同的同时来设计整体结构,使其性能达到最优[9]。为此,研究人员研究发展了多种新型的防隔热/承力一体化热防护系统结构[10]。美国佛罗里达大学和 NASA Langley 研究中心的 Bapanapalli 等于 2006 年首次提出将波纹夹层板应用于热防护设计[11],给出了波纹夹层板的一体化热防护方案,如图 7.5 所示。该方案中的腹板需要在较高的温度梯度下连接上下面板,传递、分配机械载荷,并承受面内剪切载荷;与此同时,腹板处的热短路效应明显,导致

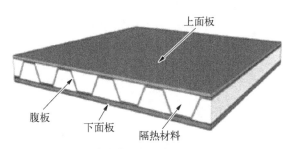

图7.5 波纹夹层板一体化热防护结构

需要较厚的隔热层耗散短路热流。因此,如何设计腹板结构,在保证其承载能力的同时降低热短路效应是这种方案设计的难点。针对波纹夹层板一体化热防护方案的缺点,NASA Langley 研究中心提出了如图 7.6 所示的桁架板+隔热夹层一

图7.6 桁架板+隔热夹层一体化热防护结构

体化热防护改进方案。美国 Material Research&Design 公司则提出了一种更为简单的结构,如图 7.7 所示,这种方案去除了复杂的加筋结构,采用更密集的减重孔以保持承力性能。相比而言,这种方案工艺更为简单,同时热短路效应也较低。

图 7.7　波纹板芯层结构

Steeves 等基于波纹板提出了一种多级结构一体化热防护方案,如图 7.8 所示。这种方案中,腹板与底面板均采用夹芯板,利用夹芯板的抗屈曲、高刚度和强度特性,可使该种方案具有良好的承力性能;同时在夹芯板中填充隔热材料,又可以降低腹板与底面板的热导率、提升比热容,进而使整个方案具有良好的防隔热性能,但夹芯板与其他面板的连接工艺与连接强度的保证是其面临的主要问题。美国 SMARF 研究机构提出了一种可用于多层级一体化热防护结构(integrated thermal protection systems, ITPS)的蜂窝夹芯结构,如图 7.9 所示,采用不透明隔热材料体系填充蜂窝空隙,提高蜂窝夹芯板的隔热性能,同时利用陶瓷基复合材料制备蜂窝夹芯结构,使其在高温下具有良好的承力性能。可将这种结构作为传统隔热材料的外面板,或替代刚性隔热条一体化热防护中的叠层

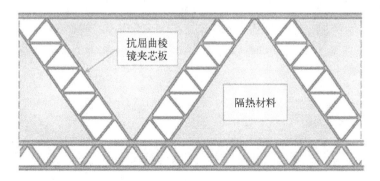

图 7.8　基于波纹板的多层级结构一体化热防护结构

图 7.9 用于多层级 ITPS 的蜂窝夹芯结构

夹芯,构成一种多层级结构一体化热防护。

NASA 艾姆斯研究中心还提出了热防护结构的新概念。与传统的防热-隔热分开的设计方法不同,韧化型单片纤维增强抗氧化复合材料(toughened unipiece, fibrous, reinforced, oxidation-resistant composite, TUFROC)创新性地使用了防热-隔热一体的设计方法,结构示意图见图 7.10,其主要由碳帽和隔热基体组成。其中,碳帽可以起到抗氧化、非烧蚀维形的作用,而隔热基体热导率较低,可以阻止热量向结构内部的传递。碳帽和隔热基体之间由于热膨胀系数不同而产生的热不匹配问题则主要通过材料表面的梯度处理进行缓解。

■ 碳帽　□ 隔热基体

图 7.10
TUFROC 结构示意图

传统防热层的热结构设计主要是指端头结构及端头与身部防热的连接两部分。对于增强塑料这一类防热层,因其导热性能差,烧蚀时的热影响区较小,高温区仅局限于靠近烧蚀表面的薄层,这个薄层是弹性模量很低的碳化层,它既不会使防热层产生很大的热应力,也不会因温度过高而给端头与身部防热层交界面带来麻烦,所以热结构问题只是在采用热导率较大的碳基材料的端头处才变得突出。碳基端头一般有壳式和塞式两种结构形式,其中壳式端头防热层厚度较薄,热应力问题不如塞式端头严重,但内部隔热黏结和支撑难以解决,一般很少采用这种形式。

塞式端头结构包括端头的外部结构(球头半径和半锥角)及端头的内部结构(端头外伸长度、塞柄直径、过渡段的夹角)。缩短外伸长度、增大塞柄直径和过渡段的夹角都可以使端头热应力降低,其中外伸长度的影响较大。但这些改变都受到一定的限制,过短的外伸长度会使与身部防热层连接部位的温度过高,还可能因烧蚀侵蚀后退量过大而使端头烧穿;若塞柄直径和过渡段夹角过大,则无法与身部壳体连接。因此,选取合适的端头结构是十分重要的。端头与壳体之间的连接需要解决因端头热膨胀所引起的附加应力,一般通过滑动支撑、弹性支撑等连接方式来减少甚至消除附加应力的影响。

7.7　热匹配设计

热匹配通常包括结构热匹配与烧蚀热匹配两个方面。

(1) 结构热匹配是指不同材料之间由于线膨胀系数不一致,当存在较大温度变化时的相互适应性。如果两种材料在预期温度条件下的线膨胀系数差异较小,则热匹配性能较好,反之则热匹配性能较差。在常温条件下不涉及结构热匹配问题,多发生在高温条件下的不同材料结构之间。如果结构热匹配性能较差,可能存在局部应力集中,引起材料的挤压变形、开裂,严重时甚至造成结构的破坏。因此,设计中需要考虑结构热匹配性,如果两种材料热匹配性较差,可以考虑在两种材料之间采取局部加强框或涂抹黏接剂的措施来起到缓解应力的效果。必要时,需要进行力热耦合分析,通过数值分析或地面试验考核结构热匹配性[12-15]。

以陶瓷基防热瓦防热结构型式为例,它主要由外部涂层、防热瓦、应变隔离垫和室温固化硅胶组成。陶瓷基防热瓦结构一般用固化硅胶粘接,如图 7.11 所

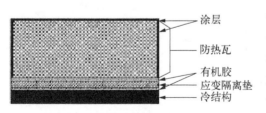

图 7.11　陶瓷基防热瓦防热结构型式

示。在刚性陶瓷防热瓦与机身蒙皮之间采用应变隔离垫粘接,防热瓦表面有辐射涂层。由于防热瓦材料疏松轻质的特点,无法用机械连接方法与机体内部结构相连接,因此必须采用胶接的方法。另外,防热瓦的材料和与铝合金的热膨胀系数相差很大,飞行器再入过程中,两者之间会产生很大的温差,因此防热瓦之间需要留有适当的缝隙,防热瓦与机体内部结构之间的连接也必须有足够的弹性来协调防热瓦与结构的变形。此外,机械载荷由机身结构承受,防热瓦不允许承受变形,因此采用应变隔离垫连接防热瓦与主结构,消除形变的传递。

另一个结构热匹配设计的例子为梯度材料(functionally graded material,

FGM),它是一种组分与微观结构在空间上连续变化,材料的性能呈现梯度变化的复合材料。通常,使用梯度材料的目的是缓解不同材料间因性能不匹配而产生的热应力。与传统复合材料相比,由于组成梯度材料的相之间具有连续、光滑的转变,当在两种不同材料界面之间增加梯度材料时,可使材料界面之间的热不匹配问题得到极大缓解,从而避免整体材料在不同材料界面处发生剥离破坏。鉴于此,可通过梯度材料将防热材料和隔热材料进行连接,以缓解一体化热防护结构设计中存在的材料性能不匹配问题。

(2)烧蚀热匹配是指在高超声速气动加热条件下,由于不同防热材料的烧蚀性能不同,表面烧蚀不同步时的相互适应性。如果两种材料在高温烧蚀环境下的烧蚀性能差异较小,则烧蚀热匹配性能较好,反之则烧蚀热匹配性能较差,严重时会导致局部热环境恶化,进而可能引起结构破坏。如果设计中没有考虑烧蚀热匹配性,会在气动加热条件下造成烧蚀热匹配差异,在防热材料交界面处形成前向台阶、后向台阶(图7.12),相当于在流场中增加了凸起物或凹陷物,导致局部热环境增大,更加增加了局部烧蚀量,甚至有可能造成局部烧穿。因此,需要根据气动热环境条件评估不同防热材料是否存在烧蚀热匹配性差异,尽量选择烧蚀速率相匹配的材料,以减少烧蚀不同步现象,同时在安装中适当调整两种材料的位置,减少不同步烧蚀引起的台阶效应。必要时,可以开展烧蚀热匹配试验,通过地面试验评估两种材料的烧蚀热匹配性。

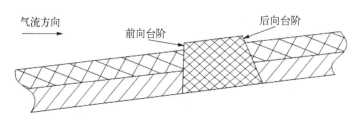

图 7.12　台阶示意图

再入飞行器天线窗口的防热设计是典型的烧蚀匹配设计。由于再入飞行器表面窗口的存在,再入过程中将对窗口附近的流场产生不同程度的干扰,这是由防热盖板与身部防热层烧蚀不同步引起的。这种不同步烧蚀使窗口周围不同部位上形成了前向台阶、后向台阶或沟槽。凸起物附近的局部地区热流密度和压力都将增大,局部热流的增大又将导致窗口附近烧蚀量增加,这是一个恶性循环过程,最终有可能造成窗口的局部烧穿。图7.13为烧蚀后的天线窗口,在天线窗口的防热设计上需要采取一些相应的措施来避免可能发生的局部烧毁,主要措施为尽量选用与机身部防热层烧蚀量相匹配的防热盖板材料。此外,当盖板材料选用强度较低、易脆裂的石英玻璃时,结构匹配问题也比较突出。这是因为,局部开窗使防热结构的完整性受到破坏,在受到气动力、热联合作用时,盖板及其四周可能产生附加应力或应力集中。通常采取加强框和弹性胶进行连接,可以改善盖板的受力状况。

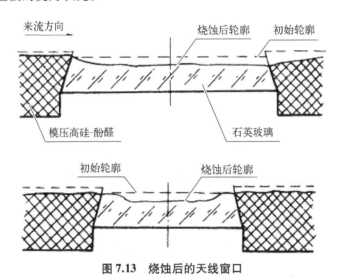

图 7.13 烧蚀后的天线窗口

7.8 热密封设计

飞行器表面的热防护系统往往不是一个整体,而是由若干个部件组成,在防热部件装配过程中,部件之间总是存在对接缝的问题。在传统的再入飞行器热防护系统中,由于飞行器再入速度很快,飞行时间较短,在大气层内飞行只有几十秒的时间,外部的热气还来不及通过防热部件之间狭小的接缝进入飞行器内部,因此没有对热防护系统热密封问题进行过多的考虑,一般通过缝隙的热密封结构设计、胶接剂密封或者两者相结合的方法就可以解决。但在新型的大气层内长时间高速飞行器热防护系统中,由于飞行时间长达几千秒,高温气流沿着防热部件之间的接缝向内部传输,就成为影响防热系统功能的重要因素。因此,解决大气层内长时间高马赫数飞行器热防护系统的热密封问题就成为保证热防护系统实现其功能的关键技术。

热密封设计主要是指通过特殊的设计手段和材料,解决大气层内长时间高马赫数飞行器在飞行过程中,外部高温气流通过热防护系统部件之间的对接缝进入飞行器内部,从而破坏飞行器结构,以及飞行器内部温度超过仪器工作温度范围的问题。根据应用的部位,主要可以分为防热部件之间的热密封设计及活动部位的热密封设计。

以美国的航天飞机为例,其热防护系统部件面积普遍较小,数量众多,存在大量的对接沟缝,防热部件之间需要采用热密封技术,其中具有代表性的为鼻锥帽部位和身部大面积部位采用的热密封技术。航天飞机的鼻锥帽主要由增强碳/碳材料制成,为空心薄壁钝锥体结构,通过一定的机械结构与机身连接。鼻锥帽在与机身连接的位置,沿着周向存在一圈对接沟缝,如果不采用特殊的设计手段进行控制,而仅仅控制对接沟缝的宽度,随着飞行时间的增加,高温气流会慢慢地沿着对接沟缝进入鼻锥帽内部空间,直接对机身内部进行加热,使得机身内部金属结构超温,从而引起结构破坏。为解决这个问题,NASA 在鼻锥帽与机身连接的对接沟缝处增加了一圈 T 形密封件,用以封堵对接沟缝,并延长高温气流进入航天飞机内部的通道路径[16]。但仅采用这种手段只能延缓高温气流进入飞行器内部的过程,并不能完全解决这个问题,因此 NASA 在 T 形密封件上又增加了一层柔性密封,一方面可以彻底阻断高温气流进入飞行器内部的通道,另一方面也有一定的可压缩性,可以适应机身及鼻锥帽部件由于温度升高带来的膨胀,解决热膨胀和热匹配问题。除了增加 T 形密封件和柔性密封两种手段以外,出于留出一定设计裕量的考虑,在鼻锥帽与机身的连接部位处增加了两层高效隔热层,以防止 T 形密封件和柔性密封部分或整体失效时,高温气流向机身内部流动。为了解决机身大面积部位高温气流沿着陶瓷瓦之间的缝隙向内部金属结构传输的问题,切断其传输通道,在陶瓷瓦之间大量采用了刚性和柔性密封部件,来解决热密封问题。刚性密封部件表面采用具有一定刚性、可以承受较高的环境温度的陶瓷套管,内部填充物采用的是能耐较高温度且导热性能较低的氧化铝材料,可以从一定程度上减小热量沿着密封件向内部的传递。柔性密封部件采用的是玻璃纤维缝合的玻璃纤维毡,表面涂覆一层白色的涂层,玻璃纤维毡允许较大的变形,因此其可以在防热部件膨胀较大的部位使用,起到隔绝气流的作用。同时,玻璃纤维毡也有一定的耐高温抗烧蚀性能,也可起到防热的作用。刚性密封部件和柔性密封部件均是通过高温胶接剂粘接的方式附着在航天飞机铝合金结构的表面[17-19]。

活动部位的热密封设计一般采用弹性热密封方式,在设计时应当针对热密封件的使用温度、高温压缩/回弹性、泄漏率、抗磨损等性能进行全面设计。还是以航天飞机为例,体襟翼缝隙的热密封方案为将弹性密封条填充到体襟翼前缘曲面缝隙中进行热密封,既保证体襟翼正常转动,又防止热气流穿过缝隙。图 7.14 为美国航天飞机轨道飞行器体襟翼照片,图 7.15 为体襟翼缝隙热密封性能测试照片。X-38 体襟翼结构弧形杆与机身连接处存在缝隙,需采用密封处理,防止在再入过程中,热气流进入机身内部[20-21]。弧形杆与机身连接缝隙处安装的弹簧管动密封结构如图 7.16 所示。

图 7.14 美国航天飞机轨道飞行器体襟翼

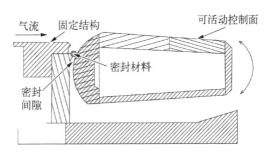

图 7.15 体襟翼缝隙热密封性能测试

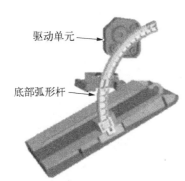
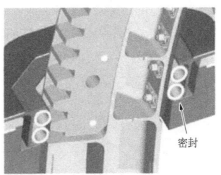

图 7.16 X-38 襟翼结构及弹簧管动密封示意图

7.9 热透波设计

热透波设计是在飞行器的气动、结构、强度和温度等各种条件要求的制约下进行的,根据介质材料的介电特性和导引头工作频段范围,设计透波罩罩壁的最佳厚度,以及在天线扫描角范围内电磁波通过透波罩得到最大的功率传输系数和最小的相位畸变。严格地计算和分析天线-透波罩系统特性是非常复杂和困难的,实际设计工作是在一定的假设和近似条件下进行的,只考虑了天线辐射场直接透过透波罩的相位和幅度畸变因素,因此大部分设计结果还必须通过测试加以修正。

弹头透波罩的电性能设计是指通过正确计算和确定罩壁设计参数,控制透过罩壁的电磁波相位和幅度变化,使天线带罩后的方向图中所体现的各项电性能参数满足指标要求。从电性能指标参数出发,主要原则可归结为:最大传输效率设计原则、最小反射功率设计原则、最小瞄准误差原则或几项性能兼顾的综合设计原则。由于透波罩设计过程中要考虑最佳总体性能,因此透波罩电性能在某些情况下可能选择折中设计。

透波罩电厚度的确定是电性能设计的核心内容,透波罩的电厚度设计一般以电磁波穿过无限大介质平板对应的最佳厚度为依据,在此基础上开展一系列的优化和改进设计。电磁波从自由空间以入射角斜入射到无限大介质平板时,界面上的对应关系见图 7.17,图中 $\varphi_0 = \theta$ 为入射角。当平板的反射系数为零时,介质平板的厚度 d 可由式(7.4)确定:

$$d = \frac{m\lambda_0}{2\sqrt{\varepsilon_r - \sin^2\theta}} \quad (7.4)$$

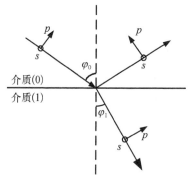

图 7.17 电磁波斜入射在两个无限大介质界面上时的反射和透射

透波罩的壁厚随入射角增大而增大,因此采用半波壁厚的弹头透波罩。为提升整体功率传输系数水平,均采用了变厚度设计,即锥身小端厚、大端薄。

在电磁波频率和透波罩材料相对介电常数不变的情况下,透波罩的壁厚尺寸就只由电磁波照射至透波罩壁面上的入射角所确定。对于给定的透波罩外形,应用电磁波的几何光学射线近似,求出天线射线照射到透波罩壁面上的入射角。透波罩表面的每一个点(实际的工程设计中可选定若干个典型点)都对应一个入射角变化范围 $\Delta\theta$,这些入射角是由天线口面上各条射线产生的。以裂缝阵天线为例,天线口面上各条射线辐射能力的电平是不相同的,口面中心区域的辐射场比边缘射线的辐射场要强,天线-透波罩系统辐射特性的影响在很大程度上是由天线中心射线造成的。因此,根据每根射线所含能力的大小关系进行综合分析,从而确定透波罩表面每一点的平均入射角 θ_p,具体的设计步骤如下。

（1）给定每个透波罩壁面点的 x 坐标和天线口面上的射线坐标 r，见图7.18。

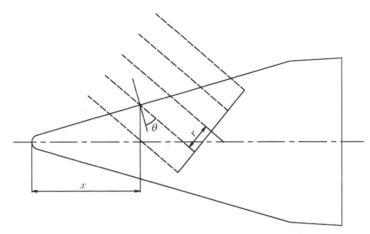

图7.18 天线射线在透波罩壁面各点的参数关系

（2）相对于透波罩，对每一个天线扫描角 φ，在各 r 值下构造入射角 θ 与 x 坐标的变化曲线 $\theta = f(x)$。

（3）根据已知的天线口面分布函数 $p(r)$ 和已得到的 $\theta = f(x)$ 关系，对每一个坐标点 x，用式（7.5）确定加权平均入射角 θ_p。

$$\theta_p = \frac{\sum\limits_{i=1}^{n} \theta_i(x) p_i(r)}{\sum\limits_{i=1}^{n} p_i(r)} \tag{7.5}$$

（4）在确定平均入射角后，就可以计算透波罩沿轴线位置的壁厚分布。

需要指出的是，用平均入射角设计透波罩壁厚是较为简化的，可在初步设计时采用该方法，还要结合后续的电性能仿真对壁厚尺寸进行复核与优化。

对于选用的透波罩透波材料体系，一般以材料烧蚀前的常温下的介电性能数据为依据，并按照透波罩需适应的导引头天线的中心频率，采用介质半波长壁厚公式，确定透波罩一阶电厚度。在透波罩一阶电厚度的基础上，选用适当的阶数，使透波罩的电厚度大于或等于烧蚀后退量、高温非承载厚度与最小承载厚度之和，并且大于或等于满足烧蚀和隔热要求的透波罩防隔热厚度。以透波罩烧蚀前的电厚度为基础，考虑材料介电常数高温变化和壁厚烧蚀变化对电厚度的影响，通过对烧蚀中及烧蚀后透波罩的电性能进行仿真计算、地面试验和测试验证来修调透波罩电厚度。

在完成了透波罩电厚度的初步设计之后需要开展电性能仿真工作,获取透波罩的各项电性能指标,对整罩电性能水平进行评价和优化。弹头透波罩相对于 Ku 和 Ka 波段属于电大尺寸,随着计算机硬件性能的大幅提升,可以采用专用计算工具(软件)对透波罩进行三维高精度电磁仿真。

进行透波罩电性能仿真计算时需要激励源,理论上采用天线-透波罩模型一体化计算时精度最高,但采用这种处理方式时需要同时考虑天线和透波罩的影响因素,计算量过大,计算周期过长,不适合工程化应用。通常采用天线等效近场源的方式进行简化处理,仿真得出天线的等效近场(包括电场、磁场的幅度和相位信息),使用该等效近场作为透波罩仿真的激励源,忽略天线与透波罩互耦效应对天线近场的影响。采用电磁场计算工具由天线近场数据外推得出不带透波罩情况下导引头天线的远场方向图,与采用导引头天线直接仿真得到的远场方向图进行比较,差异较小时,可采用此方法和近场数据进行透波罩电性能仿真计算。典型裂缝阵天线和、差波束的近场/远场方向图的仿真结果见图 7.19。

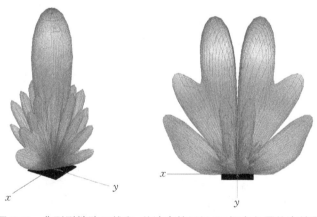

图 7.19 典型裂缝阵天线和、差波束的近场/远场方向图仿真结果

采用天线近场激励源与透波罩模型进行仿真时要保证天线与透波罩二者的相对位置关系和真实产品一致。将带透波罩和不带透波罩的远场方向图按照电性能参数定义进行比对处理,得到透波罩在不同扫描角情况下的功率传输系数、瞄准误差(主波束偏移)和方向图畸变等电性能仿真计算结果。和、差波束无透波罩的天线远场方向图仿真结果对比见图 7.20。

高速飞行器的透波罩通常采用复合材料,产品的介电常数分布特性与平板电厚度模型及仿真模型不可避免地存在一定差异,因此在对透波罩电性能仿真

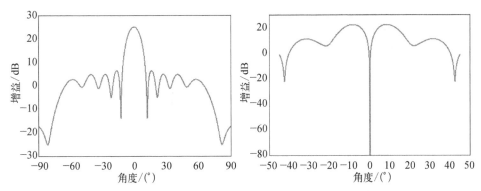

图 7.20　和、差波束无透波罩的天线远场方向图仿真结果

结果进行分析时应重点关注功率传输系数、瞄准线误差和瞄准线误差斜率等主要性能参数的变化规律和特性,以调整电厚度尺寸。透波罩为精密机加工产品,当产品电厚度偏薄时不可逆,因此需要通过电性能仿真提前发现电性能设计中的缺陷,降低产品设计风险。

　　主被动复合制导已经成为提高导引头探测能力和制导精度的有效方式之一,目前该类导引头的研制进展较为迅速,技术已相对成熟。要保证导引头能够正常工作就必须为其配备相应的透波罩,所以对飞行器透波罩提出了迫切的被动宽频透波需求。飞行器在高速飞行过程承受的气动力、气动热载荷非常严酷,透波罩在该种环境下一般采用单层半波壁结构形式,进行电性能设计时主要针对主动波段,兼顾被动透波要求。为了更好地适应主被动复合导引头的工作需要,在主动波段电性能较优的条件下,开展透波罩对被动宽频段(一般为 2～12 GHz 或 0.8～18 GHz)电性能的适应性分析。在被动宽频带范围内进行电性能仿真,获得透波罩的被动宽频带的整体电性能变化特性,提取出性能较好的频段范围及性能较差的频段范围,将仿真和测试结果反馈给导引头和控制系统,并配合完成导引头的电性能补偿。被动天线电性能仿真结果见图 7.21。

　　当透波罩仅需适应被动导引头宽频带透波要求时,可以根据飞行的力、热载荷环境确定采用单层还是多层结构方案。单层结构要具备被动宽频透波特性,需设计成几个毫米厚度以下的薄壁结构,利用薄壁结构对绝大多数雷达波段透波影响较小的特性来实现被动宽频带透波。当飞行力、热载荷较大,弹头透波罩需要较大的壁厚尺寸来承载与防隔热时,与单层透波结构适应的带宽会显著变窄,无法满足很宽范围内的透波要求。若采用单层结构,透波罩设计需要与导引头和控制系统进行协调,确定重点关注的电磁目标和频段,针对主要的频段范围

图 7.21 被动天线及加透波罩后的远场向图仿真结果

进行电性能设计与优化,需要将仿真和测试结果反馈给导引头和控制系统,并配合完成导引头的电性能补偿。

高速飞行器透波罩飞行速度大,表面温度高,承受的力学载荷大,对透波结构有特殊的需要。飞机、船舶及地面设备上通常使用多层宽频带结构,由于蒙皮厚度很小,且芯层材料密度很低,防隔热和承载性能不足,无法适应高速飞行器的高温和高载荷使用环境。因此,在进行多层结构设计时,需要进行一定的调整。在弹头透波罩实现尽可能宽的透波频带的同时,各层间结构厚度的分配也必须满足防隔热和承载的要求,需要进行多轮的热、力、电综合优化设计,实现最优的综合性能。

7.10 热防护优化设计

热防护系统优化是指对于给定的热防护方案和热载荷条件,以热防护系统的总质量最小为优化目标,优化得到满足温度约束的防热设计厚度,各层材料最大温度应低于其耐受温度,同时内边界最大温度还应低于设定的内部承载结构及设备温度上限,可将热防护系统优化问题的描述如下。

$$
\min \quad W(x) = \sum_{i=0}^{N} \rho_i x_i
$$

$$
\text{s.t.} \quad
\begin{aligned}
& T_i(x) < T_{i\max}, \ i = 1, 2, \cdots, N \\
& T_N(x) < T_{\text{structure}}
\end{aligned}
\tag{7.6}
$$

$$
\text{where} \quad x_{\text{iopt}} \in R, \ x_{\text{iconst}} = \text{const}, \ N_{\text{opt}} + N_{\text{const}} = N
$$

式中,W 为单位面积热防护系统质量;x 为热防护系统各层厚度向量,即 $x = (x_1, x_2, \cdots, x_N)$,$N$ 为热防护系统总层数;ρ_i 为热防护系统第 i 层材料的密度;x_i 为热防护系统第 i 层厚度;下标 opt、const 分别表示厚度可变层和厚度固定层,满足 $N_{opt} + N_{const} = N$;T_{imax} 表示热防护系统第 i 层材料的耐受温度;T_i 表示对流换热边界条件下,热防护系统第 i 层的最大温度;$T_{structure}$ 表示设定的内部承载结构及设备的温度约束。

　　热防护系统各层厚度 x_i 与输出各层最大温度 T_i 之间的关系是非线性的,因此式(7.6)描述的优化问题是典型的非线性约束优化问题,针对此类优化问题,已发展出诸如序列二次规划法(sequence quadratic programming, SQP)、内点法、遗传算法等求解方法。

　　SQP 由 Powell 提出,被认为是最有效的非线性规划算法(nonlinear programming, NLP)之一,也是常用的梯度优化算法之一,在国内则是以钱令希教授为首所倡导[22]。SQP 法是将目标函数以二阶泰勒级数的形式展开,并将约束条件线性化,通过求解二次规划得到下一步的值,具有结果精度高、收敛速度快等优点。SQP 法根据两个可选择的优化函数进行线性搜索,计算过程中由 BFGS 公式计算更新得到 Hessian 矩阵,该算法较为稳定。图 7.22 给出了基于 SQP 法进行热防护系统优化的设计流程,图 7.23 为 SQP 法计算流程图。

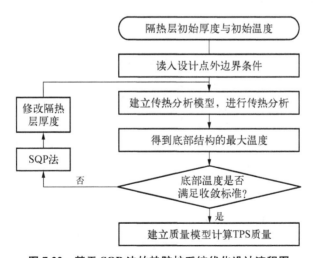

图 7.22　基于 SQP 法的热防护系统优化设计流程图

　　内点惩罚函数法针对原优化问题[式(7.7)]构造惩罚函数,将约束优化问题转变为无约束优化问题,公式如下:

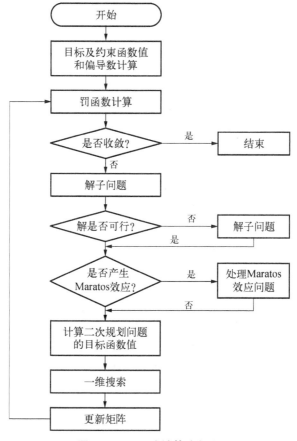

图 7.23 SQP 法计算流程图

$$\Phi(x, r^{(k)}) = f(x) + r^{(k)} \sum_i \ln[-g_i(x)] \tag{7.7}$$

式中，$\Phi(x, r^{(k)})$ 为惩罚函数；$f(x)$ 为原问题的目标函数；$g_i(x)$ 为原问题的约束函数；$r^{(k)}$ 为第 k 次迭代的惩罚因子，且有 $\lim\limits_{k \to \infty} r^{(k)} = 0$。

从式（7.7）中可以看出，当原问题任何一个约束趋向于 0 时，$\sum \ln[-g_i(x)]$ 都会趋向于无穷大，其意义为，迭代过程中，当 x 逼近约束边界时，惩罚函数的值会趋向无穷大，进而将 x 约束在失效域内；同时，由于 $r^{(k)}$ 会随着迭代次数的增加趋向于 0，惩罚项的作用减弱，设计点又可以接近设计约束边界。两者的综合作用保证了设计点趋向于最优解。

内点惩罚函数的计算步骤如下：① 给出一个满足所有约束 $g_i(x)$ 的初始点

$x^{(0)}$ 及初始惩罚因子 $r^{(0)}$；② 应用牛顿法求解无约束优化问题的最优解 $x^{*(k)}$：$\min \Phi[x, r^{(k)}]$；③ 检查 $x^{*(k)}$ 是否已经收敛于最优解，若是，则停止迭代，若否，则进行下一步；④ 通过 $r^{(k+1)} = cr^{(k)}$ 降低惩罚因子，将 $x^{*(k)}$ 作为迭代初始点，转第②步，其中 c 为惩罚因子递减系数，取 $c = 0.02 \sim 0.10$。

在利用牛顿法求解无约束优化问题时，需要计算目标函数的梯度信息。由于本节给出的约束函数为隐式形式，需要借助有限元软件进行求解。利用前向有限差分求解目标函数的导数及二阶导数，格式如下：

$$\nabla \Phi(x_i) = \frac{\Phi(x_i + \Delta x_i) - \Phi(x_i)}{\Delta x_i} \tag{7.8}$$

遗传算法是模拟生物进化的一种直接搜索优化算法，其基本思想是：根据所求解问题的目标函数及约束构造适应度函数，由优化问题的一定数量的解（称为个体）构成一个可进化的种群；计算种群中每个个体的适应度，根据优胜劣汰的原则对种群中的个体进行选择、交叉，并模拟生物的变异以搜索新的解空间；经过多次迭代获得适应度高较好的个体作为优化问题的最优解。TPS 遗传算法优化程序如图 7.24 所示。

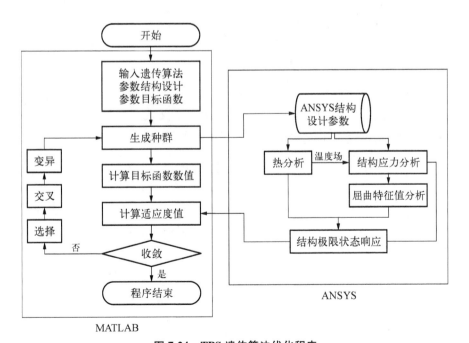

图 7.24　TPS 遗传算法优化程序

遗传算法主要有以下几个关键要素。

(1) 适应度函数。根据目标函数构建适应度函数,遗传算法中,通常适应度高的个体被遗传的概率也高。对于本节的质量最小化问题,需要转化为最大化问题;对于温度、强度、屈曲等约束,通常采用惩罚函数法将约束引入目标函数。因而,可构造如式(7.9)所示的适应度函数:

$$\mathrm{fitness}(x) = m_{\max} - m(x) - \lambda_i g_i(x) + \delta \tag{7.9}$$

式中,$\mathrm{fitness}(x)$ 为适应度函数;$m_{\max}$ 为设计范围内目标函数最大值($\mathrm{kg/m^2}$);$m(x)$ 为目标函数($\mathrm{kg/m^2}$);λ_i 为惩罚因子,$i = 1, 2, 3, 4$;$g_i(x)$ 为约束函数,$i = 1, 2, 3, 4$;δ 为保持种群多样性增加的松弛项。

(2) 编码方法。又称基因表达方法,是遗传算法中体现生物进化特征的关键,通过编码将优化问题的解与种群中的个体对应起来。编码的方式有二进制编码、整数编码和实数编码等,其中实数编码精度较高,适应于实数优化问题,因而本节采用实数编码。在实数编码中,每一个个体 x 可以表示为

$$x = (t_{\mathrm{TFS}}, t_{\mathrm{BFS}}, t_{\mathrm{WEB}}, \theta, h, p, s) \tag{7.10}$$

式中,每个设计参数称为该个体的基因。

(3) 种群大小。种群中个体的数量称为种群大小,种群的大小影响遗传算法的效率,若种群过大,则搜索时间过长;若种群过小,则难以全面搜索设计空间,易陷入局部最优。

(4) 遗传算子。遗传算子主要包括交叉、变异。交叉针对两个父代个体交换部分基因产生子代个体,子代个体通过交叉继承父代个体的特性并搜索新的解空间。交叉通过交叉率 P_c 来控制,定义为子代中通过交叉产生的个体数与种群数目之比。交叉率高时,遗传算法的搜索能力强,但交叉率过高时又会因搜索不必要的解空间而浪费时间。变异是指个体的基因产生随机的变化,变异可在种群中引入新的基因。变异的速率通过变异率 P_m 控制,定义为种群中新基因的比例。在过低的变异率下,一些优良的基因难以被搜索到,过高的变异率则会使子代难以继承父代的优良基因,算法则成为随机算法,丧失学习能力。

(5) 算法停止准则。通常以迭代次数达到最大值作为判断标准。

以上的厚度优化是针对已确定的热防护系统材料,但实际上,在飞行器热防护设计的最初阶段甚至可以对热防护材料本身的热特性参数(如热导率、比热容等)进行优化设计,优化的目的为在合理的参数取值范围内,得到一系列较优

的参数组合,通过与现有材料参数对比,给出材料改进方向,使热防护系统的质量最轻、烧蚀量最小且背面温度最低。该问题属于多目标优化问题,同样可以采用遗传算法。以酚醛浸渍碳烧蚀体(phenolic impregnated carbon ablator, PICA)材料为例,优化目标为在热环境相同(q_0 相同)的情况下,总烧蚀厚度 S 尽可能小,材料质量 m 尽可能小。选取材料厚度 l、原始热导率 k_v、原始比热容 c_{pv} 共 3 个待优化参数,取值范围为 k_v、c_{pv} 在材料原参数的基础上上下浮动 50%,材料厚度 l 基准取为 40 mm,上下浮动 50%。

$$\begin{cases} 总烧蚀厚度\ S\ 尽可能小 \\ 材料质量\ m\ 尽可能小 \end{cases} \tag{7.11}$$

约束条件:

$$背面温度\ T_b \leqslant 400\ \text{K}$$

边界条件:

$$\begin{cases} \rho_e u_e St = 0.3\ \text{kg/}(\text{m}^2 \cdot \text{s}) \\ h_{se} = 2.5 \times 10^7\ \text{J/kg} \\ t = 60\ \text{s} \end{cases} \tag{7.12}$$

遗传算法参数设置:

$$\begin{cases} 种群大小:50 \\ 终止进化代数:20 \\ 交叉概率:0.8 \\ 变异概率:0.01 \end{cases} \tag{7.13}$$

优化结果如图 7.25 所示,由图可知,对于多目标优化,优化的结果不再是单独的一个点,理想的情况下应该收敛于一条曲线。原始比热容和碳化比热容在原材料参数的基础上上下浮动 50%,比热容的影响也比较简单,在所给热流环境下均是越大越好。热导率的影响较为复杂,增大热导率,会使从壁面进入材料内部的热流增加,背面温升增大。另外,更多的热量被内部材料分担,壁温和烧蚀量会降低,因此对两个目标函数的影响是矛盾的,不存在最优值。由于 PICA 的热导率较低,上下浮动 50%变化并不大,同时烧蚀时间较短,因此本例中改变热导率对总烧蚀厚度的影响不大(图 7.26),Pareto 前沿(最优遗传种群)对应的热导率和目标函数的关系如图 7.27 所示,根据该图可以针对对质量和烧蚀量的具体要求,选择适合的热防护材料热导率,并给出最优的材料厚度。

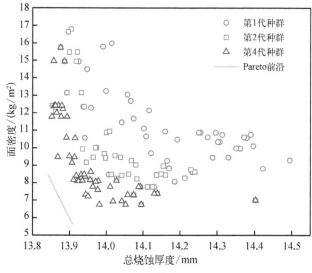

图 7.25　优化结果

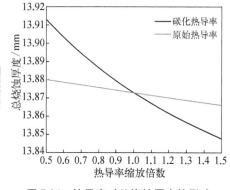

图 7.26　热导率对总烧蚀厚度的影响

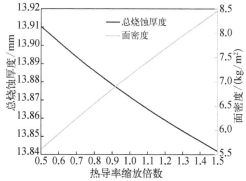

图 7.27　最优种群对应的热导率和
目标函数的关系

7.11　热防护可靠性设计

可靠性设计是热防护设计的重要环节,按照热防护系统组成,提出热防护系统可靠性框图。在可靠性设计基础上,完成可靠性分析,主要是进行热防护系统

失效模式及后果分析(failure mode and effects analysis, FMEA),故障树分析法
(fault tree analysis, FTA)、防热产品单点故障模式分析和风险分析。确定各类
故障模式,提出在薄弱环节采取的补偿措施。完成热防护系统特性分类分析报
告,通过对热防护系统的主要技术指标分析和设计分析,确定产品重要特性并选
定检验单元,确定关键件、重要件,为在设计文件和工艺文件上标注关键件、重要
件提供依据。按照可靠性大纲要求,完成防热部件的可靠性评估。

　　可靠性设计采用裕度设计方法,即确定方案时,应根据防热部件的功能需要
和指标要求,对设计厚度及各项性能留取一定设计裕量。热防护系统一般采用
烧蚀厚度(或碳化层厚度)内壁温度为评估样本,在烧蚀厚度裕量很大而内壁温
度裕量较小的情况下,应以内壁温度为样本;在内壁温度裕量很大而烧蚀厚度裕
量较小的情况下,应以内烧蚀厚度为样本;在裕量大小程度相近的情况下,应分
别以内壁温度和烧蚀厚度为样本进行评估,取可靠度较低的结果作为产品的防
热可靠度。对于端头、天线盖板等多功能部件,防热可靠性的评估应兼顾抗侵
蚀、抗外载及热应力、透波等功能的需要。

　　热防护系统的可靠性指标应根据各防热部件的特性分析、可靠性分析或预
计结果,并结合相关计算方法及试验结果的准确性、材料生产工艺的成熟性、产
品质量的稳定性及现有数据的充分性等因素进行合理分配,不宜简单平均分配。

参考文献

[1] 中国人民解放军总装备部军事训练教材工作委员会,张涵信,张志成.高超声速气动热
　　　和热防护[M].北京:国防工业出版社,2003.
[2] 郑京良.高速飞行器气动加热与热防护系统性能的仿真与试验研究[D].上海:上海交
　　　通大学,2009.
[3] 胥磊,谷良贤,龚春林,等.高速飞行器热防护系统方案快速设计方法[J].科学技术与工
　　　程,2014,14(14):107-111/134.
[4] 龚春林,谷良贤,粟华.亚轨道重复使用运载器总体多学科优化方法[J].固体火箭技术,
　　　2012,35(1):5-10/16.
[5] 马忠辉.可重复使用运载器热防护系统性能分析研究[D].西安:西北工业大学,2004.
[6] 王国雄.弹头技术[M].北京:中国宇航出版社,1989.
[7] 李小艳,曹占伟,周正阳,等.再入飞行器超高温陶瓷防热应用研究[J].装备环境工程,
　　　2018,15(11):17-23.
[8] 张禹.高速飞行器前缘热结构分析与设计[D].哈尔滨:哈尔滨工业大学,2012.
[9] 韩国凯.防隔热一体化热防护结构的梯度层设计与整体优化[D].哈尔滨:哈尔滨工业
　　　大学,2016.
[10] 胡秋野.波纹夹层板一体化热防护系统多级优化方法研究[D].南京:南京航空航天大

学,2017.

[11] Bapanapalli S K, Martinez O M, Gogu C, et al. Analysis and design of Corrugated-core sandwich panels for thermal protection systems of space vehicles[C]. 47th AIAA/ASME/ASCE/AHS/ASC Structures, Structural Dynamics, and Materials Conference, Newport Rhode Island, 2006.

[12] 王重海,刘瑞祥,周长灵.非烧蚀热防护材料研究现状及发展趋势[J].现代技术陶瓷, 2014,142(2):3-8.

[13] 蔡振.飞行器热结构设计及热力耦合响应分析[D].哈尔滨:哈尔滨工业大学,2013.

[14] 李红.高超声速飞行器金属蜂窝夹芯结构的热机耦合行为分析[D].哈尔滨:哈尔滨工业大学,2011.

[15] 胡丽娜.金属热防护系统的结构设计和热力耦合性能分析[D].哈尔滨:哈尔滨工业大学,2011.

[16] Dunlap P H, Steinetz B M, DeMange J J. Further investigations of hypersonic engine seals [C]. 40th AIAA/ASME/SAE/ASEE Joint Propulsion Conference and Exhibit, Fort Lauderdale, 2004.

[17] Taylor S C, DeMange J J, Dunlap P H, et al. Further investigations of high temperature knitted spring tubes for advanced control surface seal applications[C]. 41st AIAA/ASME/SAE/ASEE Joint Propulsion Conference & Exhibit American Institute of Aeronautics and Astronautics, Tucson, 2005.

[18] DeMange J J, Dunlap P H, Steinetz B M. Improved seals for high temperature airframe applications[C]. 42nd AIAA/ASME/SAE/ASEE Joint Propulsion Conference & Exhibit, Sacramento, 2006.

[19] DeMange J J, Dunlap P H, Steinetz B M, et al. An evaluation of high temperature airframe seals for advanced hypersonic vehicles[C]. 43rd AIAA/ASME/SAE/ASEE Joint Propulsion Conference, Cincinnati, 2007.

[20] Dunlap P H, Steinetz B M, Curry D M. Rudder/fin seal investigations for the X-38 re-entry vehicle[C]. 36th AIAA/ASME/SAE/ASEE Joint Propulsion Conference and Exhibit, Huntsville, 2000.

[21] Wong H, Kremer F. Numerical assessment on the heating of the rudder/fin gap in X38 space vehicle [C]. 3rd European Symposium on Aerothermodynamics for space vehicles, Noordwijk, 1999.

[22] 杨强.一体化热防护系统设计与综合效能评估方法研究[D].哈尔滨:哈尔滨工业大学,2013.

第8章

热防护模拟试验技术

8.1 概述

热防护试验是指根据飞行器结构外形及热环境分布特点,构建能够有效模拟飞行器典型部位热环境的试验条件,对防热材料或飞行器典型部位进行考核,验证防热设计方法,并评估防热设计的可靠性[1]。热防护试验是飞行器热防护设计不可替代的重要手段,它可以为热防护方案的选择和评价提供客观标准,并可直观地展现或预示热防护设计的效果[2-3]。

热防护试验常用的试验设备主要有电弧加热器、燃气流试验装置、红外辐射加热和自由飞弹道靶装置。根据飞行器的环境特点和功能要求,热防护试验主要包括防热材料筛选试验、烧蚀及防隔热性能评价试验、烧蚀/侵蚀外形试验、热结构匹配试验、热密封试验、产品验收试验和储存期评定试验等。热防护试验没有几何相似准则,同一飞行器各个部位的热环境和所用的防热材料不同,不同飞行器热防护的薄弱环节也不尽相同,因此必须针对不同的飞行器制定不同的试验项目,再针对每个试验项目选择试验模型、设计试验模拟条件和试验方法。

本章主要分两大部分,第一部分介绍热防护试验的主要设备,着重介绍每个试验设备的原理、特点和性能参数;第二部分介绍热防护试验类型,主要对每种试验的试验目的、试验方法和主要模拟参数进行系统的介绍。

8.2 地面试验设备

8.2.1 电弧加热器

1) 设备原理及组成

电弧风洞主要由电弧加热器、喷管、试验段、模型支撑系统、扩压器、冷却器和真空系统组成,电弧加热器原理图见图8.1。电弧加热器采用高压直流电弧放电加热空气或氮气,加热后的高温气流首先进入混合稳压室,在混合稳压室的入口注入一定量的冷空气,与热气流充分混合,用以消除气流脉动并调节气流的温度与压力。混合后的气流再经过超声速拉瓦尔喷管膨胀加速,对固定在喷管出口的模型进行气动加热试验。试验后,气流直接进入扩压段,在恢复压力的同时,也使超声速气流变为亚声速气流。之后,气流进入冷却器冷却到常温,最后流经管道和阀门进入预先抽空的真空罐组,再由真空泵抽出排入大气。

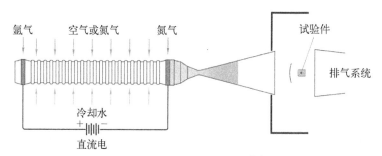

图 8.1 电弧加热器原理图[4]

2) 主要特点

电弧加热器试验模式包括电弧自由射流试验模式和低压抽吸试验模式。自由射流试验不需要真空试验段和真空抽吸系统,试验系统的建设、试验和设备维护复杂性相对较小。对于许多需要模拟非常高的冲刷力和表面压力环境的极端再入气动热试验来说,自由射流试验是一种理想的地面试验模式。在模拟海拔高度大于20 km的高超声速气动热时,在对电弧加热器供气的同时需要气体抽吸排放装置,使试验段和喷管之间形成所需压差。电弧加热器试验具有运行时间长、模拟范围广和经济方便等优点,其主要缺点是受功率限制,喷管口径不能做得很大,这些都限制了其在大模型、高参数试验中的应用。电弧加热试验的应用范围主要分为:端头烧蚀和边界层转捩试验、楔形/平板材料和结构试验、高超声速推进(超燃冲压发动机)试验、烧蚀-侵蚀试验等。

3) 主要性能参数

美国阿诺德工程发展中心(Arnold Engineer Development Center, AEDC)的电弧加热试验设备包括两个高压片式加热器(HEAT‑H1 和 HEAT‑H2)和两个管式电弧加热器(HEAT‑H3 和 HEAT‑HR),都采用高压直流电弧放电加热空气,其总温可以达到 7 500 K,设备主要参数如表 8.1 所示。

表 8.1　AEDC 电弧加热试验设备

设备名称	HEAT‑H1	HEAT‑H2	HEAT‑H3	HEAT‑HR
设备类型	自由射流	抽真空	自由射流	自由射流
最大运行时间/min	1~2	3~30	1~2	3~30
喷管马赫数	1.8~3.5	3.4~8.3	1.8~3.5	1.8~3.1
喷管出口直径/mm	20~75	130~1070	30~127	28~100
驻点压力/atm	≤80	≤10	≤80	≤70
驻点焓/(MJ/kg)	1.4~20	2.75~15	1.4~20	2.75~15
流量/kg/s	0.2~3.6	1.0~4.5	1.4~8	1.0~4.5
设备功率/MW	≤30	≤42	≤70	≤42

NASA 阿姆斯研究中心的空间技术部拥有电弧加热试验设备群,包括四座在用电弧加热设备:气动加热设备(AHF)、耦合作用加热设备(IHF)、平板试验设备(PTF)和湍流设备(TFD),用于防热系统的开发、验证,并可进行高焓推进系统试验。NASA 阿姆斯研究中心电弧加热设备参数如表 8.2 所示,表 8.3 给出了驻点、平板、楔形试验模型的主要参数。

表 8.2　NASA 阿姆斯研究中心电弧加热设备参数

参　数	试　验　设　备				
	气动加热设备	超声速湍流管	平板试验设备	耦合加热设备	
喷管类型	锥形	二维	半椭圆	半椭圆	锥形
工作气体	空气、氮气	空气、氮气	空气	空气	空气
输入功率/MW	20	12	20	75	75
喷管尺寸/in *	12、18、24、30、36(直径)	2×9	4×17	8×32	6、13、21、30、41(直径)

---

* 1 in = 2.54 cm。

（续表）

参　数	试　验　设　备				
	气动加热设备	超声速湍流管	平板试验设备	耦合加热设备	
马赫数	412	3.5	5.5	5.5	<7.5
焓/Btu/lbm	5 000~14 000	1 500~4 000	2 000~14 000	3 000~20 000	3 000~20 000

表 8.3　NASA 阿姆斯研究中心电弧加热试验模型主要参数

参　　数	试　验　设　备					
	气动加热设备		超声速湍流管	平板试验设备	耦合加热设备	
模型类型	驻点	楔形	平板	楔形	楔形	楔形,驻点
模型尺寸/	$\phi8$	26×26	8×10、8×20	14×14	24×24	$\phi18$
表面压力/atm	0.005~0.125	0.001	0.02~0.15	0.000 5~0.05	0.000 1~0.02	0.001~1.2
对流加热率/Btu/(ft²·s)	20~225	0.05~22	2~60	0.5~75	0.5~45	50~600
辐射加热率/Btu/(ft²·s)	0	0	0	0	0~50	0~20

　　意大利 SCIROCCO 70 MW 等离子体风洞加热器工作气体的压力为 0.1~1.7 MPa，可以加热到 2 000~10 000 K 的高温，质量流率为 0.1~3.5 kg/s，喷管出口尺寸为 2 m，最大运行时间为 30 min，是世界上独一无二的低压电弧加热设备。

8.2.2　燃气流试验装置

1）设备原理及组成

　　燃气流试验装置主要由燃气加热器、能源供应系统、测控系统、试验件和送进机构等组成（图 8.2）。依据燃气流场的气流静压参数，在低于大气环境的条件下还需增加试验舱、扩压器等排气系统，保证燃气能够顺利排至大气环境。燃气流试验装置工作原理如图 8.3 所示，氧化剂、燃料在燃烧室中燃烧产生高温高压燃气，经过喷管加速后形成高温超声速燃气流，进入试验舱内的试验段，对模型支撑机构上的试验件进行热考核，之后经收集口进入扩压器减速增压，排至大气。扩压器段配备高压空气环形引射器,用于增加燃气流的流动能量,保证试验段的舱压和超声速流动。

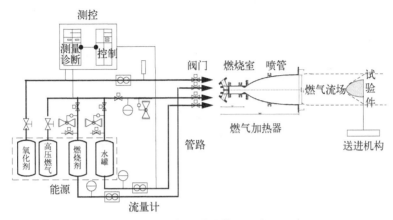

图 8.2　燃气流试验装置组成图

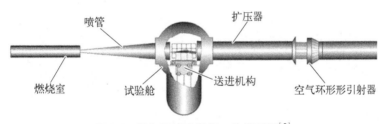

图 8.3　燃气流试验装置工作原理图[5]

2) 主要特点

国外大型高性能燃气流试验装置中最具代表性的为美国兰利研究中心的 8 in 高温超声速燃气流风洞试验系统,是目前美国唯一的高温结构试验风洞,是结构热试验气流加热试验的主要设备,应用该装置,已进行了多次飞行器气流流型、再入飞行器气动外形、高超声速热结构,以及与超声速有关的基础性试验,如图 8.4 所示。20 世纪 70~80 年代,高温结构风洞主要用于航天飞机防热瓦与红外测温传感器的试验研究分析并用于 X－21C 计划中防热瓦间隙加热的研究和马赫数为 8 时的升力体,参与多项防御计划研究,如战略防御计划中先进导弹弹头概念、再入飞行器材料、鼻锥气动外形等。为满足空天飞机大比例冲压发动机的试验需求,美国兰利研究中心对高温结构风洞进行了改造,增加了 LOX 系统、氢气系统及马赫数调节功能,支持吸氧的推进系统试验。

国内燃气流试验装置包括自由射流式燃气流试验设备(图 8.5)和燃气流风

图 8.4　美国兰利研究中心的高温结构风洞试验设备[6]

洞系统(图 8.6)。自由射流式燃气流试验设备具备材料级防热和烧蚀性能试验考核能力,以及部段级局部烧蚀热结构试验能力。如图 8.6 所示,北京航天长征飞行器研究所建设的 200 MW 燃气流超声速风洞试验系统,主要可用于开展大尺寸的防热试验件的热结构、热匹配试验。

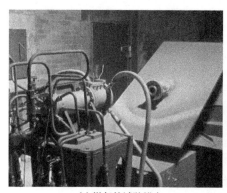

　　　　(a) 燃气流试验设备　　　　　　　　　　(b) 驻点燃气流试验

图 8.5　自由射流式燃气流试验设备及试验图像

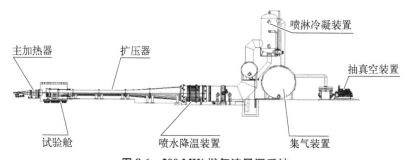

图 8.6　200 MW 燃气流风洞系统

3) 主要性能参数

美国兰利研究中心的 8 in 高温燃气流风洞可以提供的马赫数为 3、4、5、6、7，高度为 15.24 km(50 000 ft)～36.6 km(120 000 ft)高空的飞行过程热环境模拟。试验段喷口直径为 2.4 m(8 ft)，长度为 3.66 m(12 ft)。可提供的稳定试验时间能够达到 120 s。可更换的喷管包括三套直径为 2.4 m 的出口马赫数分别为 4、5、7 的喷管和三套直径为 1.38 m 的出口马赫数分别为 3、5、6 的喷管，主要模拟参数如表 8.4 所示。

表 8.4　8 ft 高温燃气流风洞主要模拟参数

马赫数	4	5	7
总压/MPa	0.3～2.0	0.6～3.4	3.9～22.7
总温/K	911	1 306	1 389～2 028
动压/kPa	25.1～148.4	16.7～95.8	15.3～91.0
雷诺数/(10^6/m)	3.0～16.7	1.3～8.5	1.0～9.8
模拟高度/km	14.3～25.9	19.8～30.5	24.4～-36.6
加热速率/[kJ/(m²/s)]	79.5～193.1	119.2～287.3	227.1～545.1

200 MW 燃气流风洞系统主要参数如表 8.5 所示。

表 8.5　200 MW 燃气流风洞系统主要参数

总加热功率	260 MW
燃气总温	3 650 K
燃气总压	3～6 MPa
燃气总流量	18～37 kg/s
模拟总焓	6～9 MJ/kg
氧气流量	11.46～27.45 kg/s
煤油流量	4.63～13.48 kg/s
喷管喉道直径	116 mm
喷管出口直径	ϕ340 mm、ϕ500 mm、ϕ740 mm、ϕ1 000 mm、ϕ1 200 mm、ϕ1 500 mm
单次运行时间	1 000 s

8.2.3　自由飞弹道靶

1) 设备原理及组成

自由飞弹道靶地面试验系统主要由发射器系统、靶室/真空系统、测控系统组成。其中,发射器有二级轻气炮、电磁炮和冲压加速器三类。二级轻气炮于20世纪60年代就已经建立,并且在空气动力学(特别是弹头再入)、材料抗粒子云侵蚀、超高速碰撞等试验研究领域方面得到了广泛的应用。二级轻气炮基本原理如图8.7所示,整个炮分两级,第一级为压缩管,第二级为发射管,压缩管中充以轻气(He 或 H_2),由炮尾部的火药室点燃的高压气体(用常规火药或甲烷空气燃烧产生)推动活塞运动,再由活塞不断压缩 H_2 气体,以获得预期的出口速度。二级轻气炮技术比较成熟,通过减少弹丸的冲击过载(软发射技术)可使发射模型更加复杂,并能安装遥测和微电子设备。

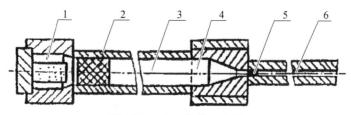

图 8.7　二级轻气炮示意图

1-火药室;2-活塞;3-压缩管;4-高压室;5-弹丸;6-发射管

2) 主要特点

超高速自由飞弹道靶是最重要的现代气动试验设备之一,它是唯一能在超高速范围内同时模拟再入飞行器马赫数、雷诺数和焓值的一个设备,而且与风洞类设备相比有洞壁干扰较小、无模型支承干扰、不存在流场品质好坏问题,在一个设备上仅通过对模型发射参数的调整即能实现很宽的马赫数模拟等优点。因此,超声速自由飞弹道靶在高超声速气体动力学和再入气动物理学研究中,能发挥特殊重要的作用。

中国空气动力研究与发展中心的200 m自由飞弹道靶试验设备是由我国自行研制的,采用二级轻气炮将试验模型发射至真实飞行速度,然后让模型在真实环境气体、组分和压力可调的靶室内自由飞行的方式开展试验,可综合模拟高马赫数、高雷诺数和高焓等飞行条件,是国内唯一一座具备开展超高速范围内的气动力、气动物理、材料抗粒子云侵蚀、高速/超高速碰撞等地面试验研究的综合性弹道靶试验设备。

3) 主要性能参数

2009年起,中国空气动力研究与发展中心对200 m自由飞弹道靶进行了升级改造,发射器系统配备37 mm、50 mm、120 mm 和203 mm口径二级轻气炮,具备 0.5~30 kg 模型发射速度 0.3~5 km/s 的发射能力;靶室由原来的 ϕ1.5 m 洞体升级至 ϕ3.0 m 洞体,同时配备新的真空设备,实现 0~80 km 高度模拟;新增双目前光成像定位系统、脉冲 X 射线成像测量系统等测试设备。

阿姆斯研究中心的超高速自由飞气动设备(hypervelocity free flight aerodynamic facility, HFFAF)如图 8.8 所示,主要包括火药室、发射管、接收室、测试段、模型回收装置。HFFAF 的主要参数如表 8.6 所示,轻气发射管包含 4 种口径:7.1 mm、12.7 mm、25.4 mm 和 38.3 mm,最大发射速度为 8.5 km/s,最大模型发射直径(含模型软壳)为 31 mm。

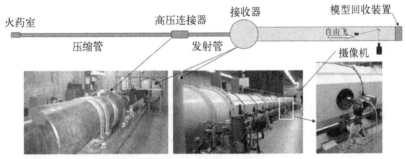

图 8.8　阿姆斯研究中心的 HFFAF[7]

表 8.6　HFFAF 主要参数

发射管 气体类型	发射管直径 /mm	初始发射速度 /(km/s)	模型发射直径 /mm	发射质量 /g
轻气	7.1、12.7、25.4、38.3	1.8~8.5	1.6~31	0.2~400
火药	20、25、44、61	0.2~2.4	3.2~51	0.5~200
空气	25.4	0.2~0.5	6.4~20	2~20

8.2.4　红外辐射加热设备

1. 石英灯加热器

1) 设备原理及组成

石英灯红外辐射加热装置主要由并联的若干石英灯、热反射屏和连接支撑件三大部分组成。连接支撑件主要包含灯头座缘子螺杆和导流条等组件,其功能是将石英灯和热反射屏连成整体,并向石英灯供电。热防护模拟试验常用的石英灯结构如图 8.9 所示,其主要由灯丝、灯托、石英灯管和灯头组成。钨灯丝采用钨金属绕制成螺旋,作为石英灯的主要辐射热源。石英灯管采用石英玻璃,灯管内充氩气,以抑制钨的氧化和热挥发。灯管在灯丝辐射过程中会吸收一部分能量,成为二次辐射源。目前,石英灯按额定功率可分为 1 kW、2 kW、3 kW 三种。

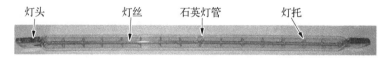

图 8.9　石英灯结构

图 8.10(a)为模块化石英灯加热器,加热温度可达 1 482℃,它通过灯组密排和反射提高加热热流,通过对流冷却降低石英灯壁温度,延长加热时间并提高试验温度,具有加热能力强、易安装等特点;图 8.10(b)为由多个模块化石英灯加热器组装而成的加热装置。热防护试验的辐射热流密度通常由控制系统管理,如图 8.11 所示。加热元件由电功率调节装置供电,其所发出的辐射热由传感器

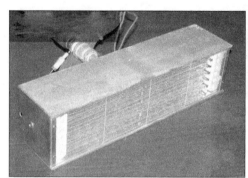

(a) 单个模块化石英灯加热器　　　　　　　(b) 模块化石英灯组

图 8.10　模块化石英灯和模块化石英灯加热器

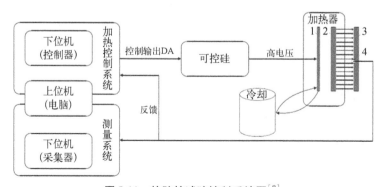

图 8.11　热防护试验控制系统图[8]

1-反射板;2-加热元件(石英灯、石墨);3-试验件;4-传感器

接收,经放大后输入计算机,进行比较、运算和校正调节后的控制信号输给电功率调节装置,改变加于加热元件两端的电压值,以达到控制辐射热流密度的目的。

2)主要特点

非对流方式的石英灯辐射式热环境模拟试验技术具有热惯性小、电控性能优良、发热功率大的特点,可组成不同尺寸和形状的加热装置,既适用于小型的材料热试验,也适用于大型全尺寸结构,能够在大面积上获得 1 300 kW/m² 的热流密度,且能够连续长时间运行,在高速飞行器气动热试验模拟方法中占有重要的地位,目前在美国、俄罗斯、德国、英国、法国等国家得到了广泛应用。

利用石英灯辐射加热装置进行热防护试验时,可以把整个加热器进行离散化控制,也就是把整个加热器划分为若干温区,各个温区根据各自需要的功率密度进行单元灯组的设计布局。通过分区控制在试验件表面形成一个阶梯分布的热场,达到近似模拟飞行器表面真实热环境分布的效果。

石英灯加热元件的外表面采用石英玻璃制成,其理论融化温度为 1 725℃,热膨胀系数约为 5.8×10^{-7}/℃。当使用石英灯加热元件对 C/C、C/SiC、刚性隔热瓦等结构试验件进行加热试验时,试验件表面温度可以达到 1 200℃,灯管表面的温度可以达到或超过 1 600℃。如果试验长时间进行,石英灯加热元件的外表面石英玻璃会发生高温软化,灯管内部的气体膨胀会导致管壁变薄破裂。

2. 石墨加热器

1)设备原理及组成[8]

石墨加热器一般由石墨加热元件、反射板、电极和支撑结构等组成,如图8.12 所示。热体辐射利用电阻元件的电热效应将电能转化为热能,以辐射热的形式向外传播,辐射体发出的热能一部分直接射向试验件,另一部分射向无试件一侧的空间和相邻的其他辐射体。为了提高加热元件的热效率,在与试件表面相对应的一侧安装镜面反射器,将来自辐射体的部分热能反射回试验件表面,提高辐射体热能的利用率。

20 世纪 70 年代,为满足航天飞机翼前缘和机身等结构的试验验证需求,NASA 约翰逊航天中心研制了以石墨为加热元件的辐射加热试验系统,考虑到试验中的加热元件本体温度较高,设计

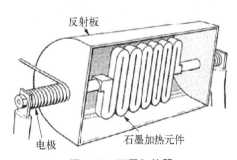

图 8.12 石墨加热器

者为反射板和电极模块配备了水冷系统。NASA 约翰逊航天中心所设计的石墨加热元件可以根据需要组装成平面加热器(用于机身热试验)和带弧度(用于翼前缘热试验)的加热器阵列,分别如图 8.13 和图 8.14 所示。针对高速飞行器、航天飞机等 TPS 隔热瓦试验件,NASA 德莱顿飞行研究中心在飞行载荷实验室研制了模块化石墨加热元件,对航天飞机 TPS 平板试验件进行加热,温度可达1 800℃,如图 8.15 和图 8.16 所示。此外,为防止石墨加热器氧化和放电产生,热试验必须在真空环境下或保护气体环境中开展。

图 8.13　平面加热器

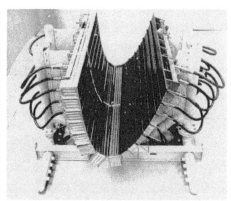

图 8.14　翼前缘加热器

图 8.15　模块化石墨加热元件

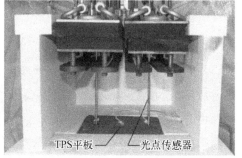

图 8.16　TPS 平板试验

2) 主要特点

石墨是一种结晶形碳素材料制品,化学性能稳定,耐高温,热膨胀系数小,能传热导电,其机械强度在 2 500℃以下随温度上升而提高,在 1 700~1 800℃时强度最佳,加工性能非常好,价格低廉,电阻温度系数小,是制作加热元件的可选材料之一。但是石墨在高温下易被氧化,材料挥发现象严重,导致其横截面面积不断减小,电流密度急剧增大,石墨加热元件的电、热特性会发生很大变化。使用经验表明,由石墨材料制备的加热元件在 2 550℃温度下的有效寿命约为 3 min。

石墨加热元件可以提供的最大加热热流密度达 5 600 kW/m^2。石墨加热元件是一种碳基材料制品,化学性能稳定,耐高温,能传热导电,且可塑性强。但是石墨在高温下易被氧化,致使横截面面积不断减小,影响使用寿命。另外,石墨加热元件的热惯性大,加热元件通电 10~15 s 才能达到工作温度,断电后需 3~5 min 方能降到室温。

8.3　模拟试验类型

8.3.1　防热材料筛选试验

1)试验目的

在新产品的方案论证和研制阶段,在相同试验条件下对多种拟用材料进行试验,通过试验获取不同材料的热响应特性(主要指烧蚀性能和隔热性能),考察其热响应特性的差异、表观及内部形貌的变化,筛选出满足使用要求的防热材料。

2)试验方法

一般在同一试验条件下考核不同试验件,试验条件尽量能够包络飞行的时间和表面瞬态气动加热历程,试验尽可能包含一种成熟的材料,来作为比较的基础。

试验一般采用电弧加热器超声速导管或者自由射流试验技术,对于主要筛选防热材料隔热性能的试验,或者在表面温度、表面剪切较低的使用环境中,也可以采用石英灯辐射加热试验技术。试验件通常采用平板件,通过设置表面和背面温度传感器获得试验件表面和背面的温度响应,还可以根据需要安装分层温度传感器和烧蚀温度传感器,以测量不同深度的分层温度和实时烧蚀量。在设计试验方案时,需要重点考虑试验边界条件的影响,使试验传热路径尽量近似为一维传热,通常会在试验设备允许的前提下加大试验件的长度和宽度,并对试验件周边和非加热面进行隔热保护。

除平板件外,飞行器前缘、端头等局部部位材料也会采用球头或者平头件,甚至采用局部的不缩比截取件,一般采用驻点自由射流试验技术。

3）试验主要的模拟参数

以筛选材料的烧蚀性能为主的试验,主要模拟参数为气动加热的热流密度及其加热时间。一般的防热材料都存在烧蚀温度,在不能保证完全沿时间历程的加热模拟时,需要尽量模拟超过烧蚀温度的持续时间,从而确保模拟到总烧蚀量;对于设备能力难以达到试验时间时,可以加大热流密度。

以筛选材料的烧蚀和隔热性能为主的试验,主要模拟参数为气动加热的热流密度及其加热时间,试验条件表面温度曲线应包络飞行条件。对于涂层类、抗剥蚀能力差的复合材料,除模拟上述参数外,还应模拟壁面剪切力。

以筛选材料的隔热性能为主的试验,主要模拟参数是气动加热的热流密度和加热时间,尤其是加热时间要包络飞行条件。对于以多相隔热理论为指导制成的隔热材料,甚至需要模拟环境压力。

8.3.2 防热材料性能评价试验

1）试验目的

主要是通过试验对材料的防隔热、抗气流冲刷或其他特殊需求性能进行综合评价,为确定飞行器防热设计方案、验证设计方案的可靠性提供充分的依据。

2）试验方法

防热材料性能评价试验的试验方法和试验件类似材料筛选试验,但是相对于材料筛选试验,试验件种类更具有针对性,甚至只进行单一种类材料的试验;需要关注的热响应参数更详细具体,从而为烧蚀温度场的预示和材料实际使用时的风险辨识提供更多的试验数据。

3）试验主要的模拟参数

试验的主要模拟参数类同于材料筛选试验。采用电弧加热设备时,主要模拟参数为热流密度、焓值、压力或剪切力,可根据材料特点及使用工况,选择重点模拟的参数,通常会进行全飞行弹道的轨道模拟;采用石英灯设备时,主要模拟参数为热流密度或者表面温度、加热时间。

8.3.3 热结构、热匹配试验

1）试验目的

在气动加热的高温条件下,飞行器单一防热系统内部温度会产生差异,不同防热结构的烧蚀、热变形产生差异,均有可能导致结构破坏。为保障飞行器的安全,通过在地面选择或者模拟适当的热环境,考核飞行器结构在气动热环境中的适应性,发现热结构热匹配设计中的缺陷,检验防热结构热匹配设计的可靠性。

2) 试验方法

热结构热匹配性能与材料、形状、大小和结构密切相关,因此在设备能力满足的情况下,一般采用 1∶1 实物试验件,尤其是待考察部位的结构要与实际产品保持一致。但在烧蚀匹配试验、局部突起热结构试验等单项功能考核试验中,在无法保证 1∶1 实物试验件时,可对试验件的形状进行简化,或者对试验件的突出进行等效处理,也是合理的。这类试验相对于大尺寸部件的热结构热匹配试验等兼顾多项功能考核的试验来说比较简单,试验方法可参考单纯材料的考核试验。

对于大尺寸部件,热结构热匹配试验大多采用电弧加热器超声速自由射流试验技术、石英灯辐射加热技术和燃气流风洞试验技术。其中,燃气流风洞试验技术特别适应于试验件尺度较大而对气流成分要求不高的试验,但由于燃气流设备参数的改变在试验过程中不如电弧风洞试验容易,因此试验时需要与理论计算有更密切的配合;自由射流试验技术最大的优点是可以轻易实现变参数运行,但受设备口径和功率的限制,大尺寸试验件或者热环境参数较高的试验需要采用包罩技术;石英灯辐射加热技术适用于对外部流动特性要求不高、表面温度不高的试验,它的优点是可实现仿形、多温区和飞行轨道环境的完全模拟。热结构热匹配试验关注的主要是烧蚀变化、温度分布、热应力和应变,因此在试验实施前,需要布置传感器,以测量关注部位的烧蚀、温度和应变随时间的变化情况。

3) 试验主要的模拟参数

试验参数的模拟要求主要是使试验件关注部位的热流、压力等达到飞行热环境。采用电弧加热器和石英灯设备时,尽量采用飞行轨道模拟热流密度和总加热量,使表面温度曲线与理论预示的温度曲线基本吻合。进行局部突起试验状态模拟时,除了以上气动热参数外,还可以考虑对局部结构周围热环境有较大影响的参数进行模拟,如当地马赫数、当地流动边界层的厚度和流动状态等。抗剪切能力较差结构的热结构热匹配试验中,还要关注最大剪切力的模拟。采用燃气流风洞设备时,也尽量采用飞行轨道模拟热流密度和总加热量。

比较起来说,热结构热匹配试验中,热应力的模拟是最为困难但最应该关注的。应力场的完全模拟必须模拟加热过程和加热分布状态,地面试验是很难完全实现的,因此在试验前要与计算密切配合,甚至不一定要求模拟加热过程,即无论采用上述哪种试验方法,只要达到需要模拟的最大热应力即可,而不是热应力状态。在这种情况下,需要利用经过试验验证的计算方法,计算出试验件在飞行条件下的温度、热应力和应变随时间的变化,通过选择适当的热环境使地面试验的最大热应力等于或者略大于飞行条件的最大热应力。

8.3.4 烧蚀/侵蚀外形试验

1) 试验目的

主要用于考核端头帽结构在烧蚀/侵蚀耦合作用条件下的外形变化情况,为材料研究和飞行器的设计提供依据。

2) 试验方法

试验件一般采用半球-锥缩比模型,为了能够更加准确地模拟弹头再入环境条件下的烧蚀/侵蚀过程,一般先对试验件进行烧蚀外形试验,然后再进行烧蚀/侵蚀外形耦合试验。

如图 8.17 所示,烧蚀外形试验一般采用驻点自由射流或者冷包罩试验技术,使高温气流包覆整个模型,以产生驻点和锥面烧蚀。烧蚀/侵蚀外形试验的基本方法是在电弧加热器超声速喷管的入口注入石墨粒子,粒子经喷管加速后撞击试验模型,进而产生烧蚀/侵蚀现象。参数测量类同于材料烧蚀试验,并利用高速摄影机记录端头外形变化过程。在试验过程中,需要实时移动试验模型,使其距离喷管出口的距离基本保持不变。

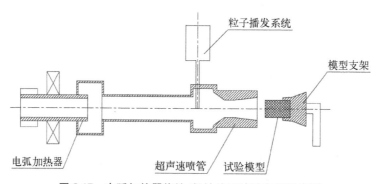

图 8.17 电弧加热器烧蚀/侵蚀外形试验布局示意图

3) 试验主要的模拟参数

烧蚀外形试验的主要模拟参数为驻点的压力、焓值和时间。为正确反映端头的烧蚀外形变化,除了模拟再入热环境参数外,应满足流场品质的高要求,即根据模型大小,在喷管出口截面上必须保持一定大小的焓和压力的均匀分布。

烧蚀/侵蚀外形试验主要模拟参数有气流总焓、驻点压力和粒子动能通量等。为了确保提供的流场参数符合要求,在试验前需要对气流总焓、驻点压力、粒子速度 V_p、粒子浓度 C_c、粒子有效直径 D_p 等参数进行测试和计算。衡量材料抗侵蚀性能一般采用抗侵蚀系数 C_N(单位时间侵蚀掉模型单位质量所需的入射动能)和质量侵蚀比 G(单位面积上的粒子质量流率与模型质量侵蚀率的比值),其定义分别为

$$C_N = \frac{E_p}{m_t} = \frac{C_c V_p^3}{2 m_t} \tag{8.1}$$

$$G = \frac{m_t}{\dot{m}_p} \tag{8.2}$$

式中,E_p 为单位时间撞击模型单位表面积上的粒子动能,称为粒子动能通量;$\dot{m}_p$ 为模型截面单位面积上的粒子流量;m_t 为模型质量侵蚀率。

8.3.5　热密封试验

1)试验目的

飞行器各部件之间及活动部件的长时高温热密封是防热设计的关键环节之一,一般包括静密封和动密封两种形式。试验的主要目的是考核热密封结构在高温气动加热条件下的密封性能,考察热密封材料、缝隙尺寸在加热前后的变化程度,为热密封设计提供依据。

2)试验方法

静密封试验比较简单,多采用平板试验件,对不同的密封结构和密封材料进行对比考核。动密封试验相对静密封试验来说比较复杂,试验件除本体结构外,还需要包括动作机构和周边防热结构。由于动密封试验的试验件大都为组合件,结构不规则,一般都需要设计专用的工装和水冷装置。

热密封试验主要采用电弧加热或者燃气流加热自由射流试验技术,试验前需要在关注的部位和形成的密闭空腔结构中布置热电偶和压力传感器,用来检测试验过程中数据的变化并作为判断密封是否可靠的依据之一,试验前后需要仔细观察并记录密封材料或者密封结构的尺寸、形态变化。

随着试验技术的发展和试验设备能力的提升,热密封试验通常可以与热结构热匹配试验合并开展,兼顾综合考核,例如,天线窗口的烧蚀热结构试验,就是对天线窗耐烧蚀、热结构和热密封等多项性能进行综合考核。

3）试验主要的模拟参数

热密封试验除了需要模拟常规的气动热环境参数外,还需要关注密封材料和密封结构前后的压差。活动部件的热密封结构流场都较为复杂,很难准确给出气动热环境参数,试验通常采用模拟附近典型位置热环境参数的试验方法,一般在测热模型设计时会根据流场仿真结果在附近布置多个热流和压力测点,根据多个测点的测量结果综合评估模拟条件。

8.3.6 产品验收试验

1）试验目的

抽出一些防热产品所用的防热材料样品进行烧蚀性能或者隔热性能的试验,以此评估防热产品防隔热性能的一致性,并作为防热产品验收的依据之一。

2）试验方法

试验件一般采用防热产品本体取样的平板件或者随炉平板件,前缘或者端头类产品也会采用球头试验件。防热产品作为决定飞行器成败的重要部件,一般采用本体取样试验件,取样前要在每件防热产品上规定取样的具体位置和数量。无法抽取本体试验件时,可以抽取采用同批原材料、同种工艺连续生产的随炉件,但要明确一组随炉件能够代表的防热产品数量。试验件的尺寸由试验设备、试验环境条件和取样的可行性等因素综合决定,平板试验件的厚度和球头试验件的球头半径尽量不要大于实际防热产品的相应尺寸。

产品验收试验采用的试验技术与防热材料性能评价试验基本一致,主要有燃气流自由射流试验技术、电弧加热器超声速自由射流/导管试验技术和石英灯辐射加热试验技术等。但试验状态比较简单,大都采用定态试验环境条件。试验完成后,需要重点关注每组试验件的热响应参数,如线烧蚀速率、背面温升等,是否满足验收要求,是否与以往产品的测量结果有较大差异。除此之外,对于表面发生烧蚀的,还需要关注表面烧蚀形貌的特征是否满足验收要求,与以往产品验收试验结果相比是否有较大的变化。

3）试验主要的模拟参数

产品验收试验需要建立对材料防隔热性能一致性具有考核意义的试验条件,在该试验条件下不需要对飞行热环境进行准确模拟,更多的是从材料通用适用环境、验收成本和周期等角度考虑。

目前,防热性能验收一般以线烧蚀速率不大于某一值为指标,在试验条件制定时需要保证材料在给定的热流密度、焓值、压力等热环境参数下产生一定的烧蚀后退量。因此,在选择热环境参数时可以参考产品实际的使用环境并尽可能使其高于实际使用环境,这样也可以缩短验收试验的时间,使烧蚀后退量在短时间积累到实际使用环境的水平。隔热性能验收一般以背面温度不大于某一温度值为指标,可以模拟实际使用环境的最高温度或最高热流密度,并调节试验时间,使背面的温度响应接近实际使用环境下的最高温度。

验收试验除了关注模拟参数外,也需要注意试验件及试验设备状态的稳定性,因为一旦发现验收试验结果的一致性有异常,这些都是不可排除的可疑因素。

8.3.7　产品储存期试验

1) 试验目的

通过开展储存期试验,研究防热产品的储存性能变化趋势,综合评估防热产品的储存寿命和储存可靠性。

2) 试验方法

试验方法主要包括自然储存试验方法和加速储存试验方法。自然储存试验是将试验件置于储存库(自然环境条件)中相当长的时间,利用获得的储存期信息数据对寿命进行评估。为获得较长时间的自然储存数据,一般在产品的研制阶段就同步开展试验。根据防热材料大多数为非金属复合材料,易发生老化,加速储存试验通过合理地强化环境因子(温度、湿度等),获得材料在相对短时间内的性能变化规律,并采用统计评估等数学手段,外推出在实际储存环境下材料或产品的储存寿命。

试验最理想的情况是直接使用 1∶1 的产品状态,但由于试验件数量一般都比较多,全部选用 1∶1 产品状态会造成成本很高,甚至无法接受,因此通常采用模拟件或缩比件开展试验。试验测试项目大都是以某一项或多项性能指标作为测试参数,例如,斜缠高硅氧/酚醛防热产品是以烧蚀性能和抗弯强度作为测试参数。测试周期的选取直接影响评估的精度,时间间隔可以是等间隔或不等间隔,一般在高加速应力水平下,测试间隔时间较短;在低加速应力水平下,测试间隔时间较长;每个加速应力水平下应有 5~7 次测试。

3) 试验主要的模拟参数

采用自然储存试验方法时,试验模拟参数与储存环境完全一致。采用加速储存试验方法时,模拟参数的选取主要基于两个原则,一是试验温度不能改变材料的失效机理,二是尽可能缩短试验周期并节约试验成本。试验温度一般在材料的分解温度以下,为了缩短有效试验时间,试验温度点应尽量高一些,通常试验温度的上限应低于材料的分解温度 20~30℃。此外,环境中湿气的作用也会使复合材料性能产生退化,所以在复合材料的加速老化试验条件中,应增加湿热老化的试验条件。

参考文献

[1] 中国人民解放军总装备部军事训练教材工作委员会,张涵信,张志成.高超声速气动热和热防护[M].北京:国防工业出版社,2003.

[2] 姜贵庆,刘连元.高速气流传热与烧蚀热防护[M].北京:国防工业出版社,2003.

[3] 李锋.疏导式热防护[M].北京:中国宇航出版社,2017.

[4] Grinstead J H, Stewart D A, Smith C A. High enthalpy test methodologies for thermal protection systems development at NASA AMES Research Center[C]. AIAA/CIRA 13th International Space Planes and Hypersonics Systems and Technologies, Capua, 2005.

[5] Harvin S E, Cabell K F, Gallimore S D, et al. Test capability enhancements to the NASA Langley 8 - Foot high temperature tunnel[R]. San Diego: NASA, 2007.

[6] 王乐善,巨亚堂,吴振强,等. 辐射加热方法在结构热试验中的作用与地位[J].强度与环境, 2010, 37(5): 58 - 64.

[7] Reda D C, Wilder M C, Prabhu D K. Transition experiments on blunt bodies with isolated roughness elements in hypersonic flight[J]. Journal of Spacecraft and Rockets, 2010, 47(5): 828 - 835.

[8] 张凯. 石墨加热元件及其加热控制方法研究[D].北京:中国航天科技集团公司第一研究院, 2017.

第9章

热防护技术发展与展望

热防护技术作为高速飞行器发展的基石,是任何大气层内高速飞行或服役于高温环境下的部件所必需的关键子系统,高速飞行器每一次性能的重大提升都以热防护技术的更新换代为前提。随着高速飞行器技术的不断发展,对热防护技术也提出了更高的要求,亟需热防护技术在新原理、新理论和新技术上取得重大突破。热防护系统除了需要承受恶劣的服役环境、保持结构完整性、保护有效载荷,还需要提供维形、滚控、透波、抗激光、隐身等特定功能。同时,根据深空探测任务的需求,还需要面临着其他行星大气环境的高超声速飞行热防护问题。为此,热防护技术主要需要突破如下关键技术。

1. 服役环境预测及其与热防护结构的耦合问题

大气层内的高超声速飞行被认为是最为复杂和危险的飞行区域,"热障"是必须首先克服的问题。随着飞行速度的提高,来流通过激波压缩或黏性阻滞减速,导致大量动能转变成热能,气体混合物温度升高并发生能量激发、离解、电离、电子激发等系列物理化学反应,出现所谓的"高温气体效应",不仅会对飞行器表面造成严重的气动加热,而且这种"非平衡效应"明显的高温流动会与机体表面热防护结构发生强烈的非线性耦合作用,即热防护结构在气动加热过程中,烧蚀形貌、表面状态、壁面温度及气体引射效应等又会对气动热环境产生影响。这种现象对飞行器气动热/力特性和热防护会产生严重的影响,是发展各类高速飞行器所面临的共性难题和"任务杀手"。

提高对高超声速关键气动物理效应的建模和模拟能力,发展考虑化学非平衡、高温辐射等复杂效应的热环境精确预测方法,充分认识高温气体与热防护结构的耦合作用机制,才能对解决这一关键问题发挥决定性作用。

同时,高速飞行器将会在较长时间内处于 80~120 km 高度的稀薄大气环境,这时稀薄大气层的气动热效应将无法忽视,需要解决大气稀薄效应与热防护结构的耦合问题;高速飞行器也将承担着深空探测、登陆其他行星的宇航任务,这时需要解决在其他行星大气层进行高超声速飞行时所产生的气动加热效应与热防护结构的耦合问题。

2. 热防护与热结构设计技术

高超声速的本质是由"热"引起的系列科学和技术问题,热防护的本质是能够实现有效的热防护,而不是选取什么样的耐高温材料。首先,要对服役环境有充分的认识,针对可提供的热防护能力,为总体设计选取最为合理的热走廊。理想的热防护系统设计建立在对服役环境、需求和客观存在的不确定性的理解和认知的基础上,充分利用和控制关键气动物理效应,承受热环境,发挥防热结构材料效能的最大潜力。结构是主观设计与材料的结合、构造,结构形式对防热能力、结构效率和可实现性影响重大,热防护设计不仅要解决设计、选取和利用什么材料的问题,还必须要解决热连接、热匹配等一系列实用化和工程化关键问题,以实现结构效率和可靠性之间的协同。

为了尽可能实现理想化的热防护系统设计,需要对各种热防护材料的防热机理进行深入的研究,建立不同防热材料的热响应物理模型和计算分析方法,准确预测防热材料发生的各种物理化学变化对防热结构表面形貌及内部温度场的影响,以及同一防热部件和不同防热部件之间的温度梯度造成的热结构热匹配效应,这些影响因素包括材料树脂热解产生的碳化效应、材料内部微流动换热效应、材料内部地辐射传导耦合效应、材料各方向差异性、不同防热部件间的热阻效应等。

可重复使用技术是天地往返运输系统及高超声速飞机技术发展的新需求,是显著降低航天运输成本、提高可靠性和多任务能力最为有效的技术途径,高效轻质、可重复使用的热防护技术是事关这类飞行器研发成败的关键技术,需要建立防热结构可重复使用性能评估方法及评价准则。

同时,热防护系统在承担传统的防热功能外,还需要附加其他的功能和性能,如雷达隐身性能、红外隐身性能、热透波性能等,对于这些功能和性能的评价需要建立基于防热机理的多物理场耦合分析方法。

热防护设计技术是理论分析与工程实现的有机结合,只有结合完善的理论分析方法与防热材料工艺特性才能实现理想化的热防护系统设计,解决工程问题。

3. 热防护与热结构材料技术

热防护技术与材料是紧密结合的,热防护材料是热防护技术实现的载体。

先进的热防护技术需要有先进的材料体系支撑才能实现,需要有先进的热防护技术才能充分发挥材料的性能。

结构轻量化是高速飞行器发展的永恒主题,热防护系统质量几乎等同于有效载荷的质量,在一定的气动加热环境条件下,受防热材料的轻质化、耐高温、抗烧蚀、高效隔热性能等的制约,要大幅度减重,必须通过材料性能获得革命性提升,或将发展材料结合结构概念创新才可能实现。通过更微观尺度的复合、界面控制形成新效应,利用低维化、人工结构化、集成化、智能化等新方法、新手段,创造混杂、层次化的具有高性能、新效应的新材料。

可重复使用热防护技术对防热材料提出了新的要求,防热材料不能在高温(超高温)有氧条件下氧化、烧蚀,经历多次高低温循环条件后,材料力学性能应保持稳定。同时,需要建立相应的材料性能无损检测和评价方法,能够有效识别防热部件是否具备再一次使用的条件。

在传统热防护和热结构形式基础上,积极探索热/力/电一体化、主/被动结合、冷/热结构匹配,超混杂结构,梯度结构及可变形结构等新结构概念,以进一步提高结构效率,产生新效能。

4. 地面模拟试验与评价技术

地面模拟试验技术是对热防护结构使用性能的研究、考核和评价,是研究高超声速气动热/力环境和热防护设计的重要手段。目前,地面模拟试验的主要技术手段包括电弧加热器、燃气流风洞、石英灯加热器等,由于地面模拟试验设备能力有限,难以实现飞行环境的真实模拟,需要根据环境特征和材料响应的物理本质,建立科学的模拟理论和方法。

对于烧蚀型防热材料,已经发展了比较成熟的模拟理论和试验方法,并经过了各种飞行试验的验证,可以有效指导热防护材料和系统的设计和研制。耐高温陶瓷基复合材料的热耗散机制以再辐射为主,损伤机制以氧化为主,与烧蚀型热防护材料存在本质区别,原有的用于烧蚀热防护材料的地面试验模拟理论和试验方法的适用性有待验证,需要发展与其相关的模拟理论,指导建立科学的模拟试验方法。

燃气流风洞的流场成分为氧气和煤油燃烧的产物,与地球大气成分不同,其作用与防热结构表面所产生的热环境条件与地球大气环境不同,在这种环境条件下,防热材料的热响应机理也与地球大气环境不同,因此需要建立燃气流环境条件下的气动热环境预测方法及防热材料热响应分析方法,用于评价燃气流风洞试验条件下的防热试验模拟效果。

防热部件的热结构热匹配性能日益凸显,随着试验设备能力的提升,高温流场区域越来越大,设备运行时间越来越长,防热部件的热结构热匹配性能考核试验已经由局部1∶1结构考核逐步发展到整体1∶1结构,亟需建立防热部件热结构热匹配试验模拟准则,用于指导和设计试验方案,评价试验模拟效果。

5. 飞行试验与天地换算技术

地面试验、数值模拟和飞行试验的三位一体研究方法已被公认,飞行试验不仅是验证地面试验、数值模拟方法准确性的有效手段,而且是探索这一飞行领域,建立"认知"和"信任"的唯一方法,在高超声速研究中发挥着最为重要的作用。热防护技术不仅是飞行试验待验证的基础,而且是构建高超声速飞行试验平台的物质基础。其他技术可以通过短时高速飞行获得验证,而对于热防护技术却不能实现预期任务的完全验证。因此,在充分的地面试验和数值模拟基础上,应重视利用搭载、部分或局部等方式进行阶段成果的飞行试验考核,获取天地差异,建立天地换算方法,为改进设计方法和提升结构效率提出正确的发展方向,不断提高材料耐环境能力、技术成熟度和结构设计集成能力。

对于气动热环境研究,地面测热试验受设备能力及测试手段等方面的限制,无法完全覆盖和再现真实飞行过程的来流条件。即使在来流条件完全满足条件下,由于模型的缩尺效应,模型上的局部流动条件与天上实际飞行器的局部流动条件也会有很大差异。此外,由于部分部件特殊尺度带来的精确测量技术方面的限制问题等,地面模拟与飞行状态之间的相似性,以及在不同来流条件、不同尺度模型下所获得的试验数据之间的关联问题,一直是困扰气动热研究的重要基础问题。新一代及未来高速飞行器呈现出长航程、长航时、复杂外形及高机动性等特点及发展趋势,其所面临的气动热现象越趋复杂,气动热的精确预测逐渐成为制约未来高速飞行器发展的重要难题之一。因此,需要开展气动加热过程中天地相似理论的基础理论研究,建立联系数学分析和气动热试验研究的桥梁和纽带,为气动热地面试验及数值分析提供理论依据,建立科学的气动热设计理论体系,减少对经验及飞行试验的过度依赖,从而推进"热障"技术瓶颈问题的有效解决。

热防护技术是一个典型的跨学科问题,作为高速飞行器系统发展中一项具有决定性作用的关键使能技术,其具有战略性、前瞻性和专用性,未来将面临着更大的挑战、更广阔的需求。因此,需要充分发挥飞行器设计、气动热力学、固体力学、材料、工程热物理、物理、化学等多学科的交叉作用,重视前沿技术,强调技术创新,加强技术推动,既要创新材料体系,又要创新结构概念,为高速飞行器技术的发展提供重要的技术保障。